瑞士刀
(神奇小幫手)

植物圖鑑和筆記本
(隨時對照並作紀錄用)

鉛筆和橡皮擦
(作筆記用的)

超炫墨鏡
(遮陽,順便耍帥)

遮陽帽
(山上有時太陽也很大的)

耐用的手套
(總是會遇到不友善的植物嘛!)

塑膠袋
(可裝採集來的戰利品)

超容量的背包
(愛裝什麼就裝什麼)

這玩意兒不用帶
(野外就遇得到)

登山杖
(用來打草驚蛇的)

輕巧的鏟子
(不要拿來炒菜哦!)

園藝用的剪刀
(不是帶剃的那一種哦!)

小型急救箱
(以備不時之需)

美味麵包
(走累了,就獎賞自己一下吧!)

裝滿的水壺
(記得隨時補充水分哦!)

本頁圖形文案由文興出版事業有限公司提供
著作權所有・翻印必究

切記

1. 別噴香水出門,以防惹來蚊蟲。
2. 採集時請手下留情,務必留根留種。
3. 注意環保,不可亂丟垃圾。

珍藏本草010

大坑藥用植物解說手冊

1至5號登山步道

AN ILLUSTRATED GUIDE TO MEDICINAL PLANTS IN DAKENG

黃冠中、黃世勳、吳介信◎合著
中國醫藥大學 藥學院

Edited by Guan-Jhong Huang, Shyh-Shyun Huang & Chieh-Hsi Wu
College of Pharmacy, China Medical University

文興出版事業有限公司 / 出版
中華藥用植物學會 / 發行

校長序

　　中國醫藥大學為臺灣中醫藥發展之起源學府，最早成立中醫系，而藥學系的學制也較其他醫學大學的藥學系多出一年，學生因此能有足夠的時間研習中藥課程。中醫藥過去貢獻於古代中國人民的健康達數千年之久，而其浩瀚的知識更是在先民的實踐生活中逐漸累積而成，但近年來，由於大陸藥材產地的諸多變化因素，導致進口藥材的價格嚴重波動，所以，積極達成藥材本土化，已是解決當前藥材價格飆高的重要課題之一。

　　素有「臺中後花園」之稱的大坑風景區，蘊藏著極為豐富的植物種類，對於臺灣產藥用植物的種源保育及資源利用，是一個相當重要的天然種源標本庫，可惜關於該地區的藥用植物相關文獻尚相當缺乏，現在由本校藥學系主任吳介信教授、中國藥學暨中藥資源學系黃冠中副教授及校友黃世勳博士(目前接受本校藥學系邀請參與藥用植物學實驗課程之解說)共同編纂《大坑藥用植物解說手冊》，內容收錄近300種大坑登山步道常見藥用植物，這是第一本介紹大坑地區的藥用植物專書。

　　值得高興的是，大坑風景區地處臺中市，距離本校的路程相當的短，未來本校「藥用植物學」課程之實習，也許能規劃大坑作為實習基地，而本書恰可作為其教學教材之一。本人從事教育工作多年，深知優質的教學品質有賴於優良的教材，相信本書的出版問世，對於本校有志研習藥用植物的學生，是一大福音。

　　本人閱覽過本書初稿，內容圖文並茂，這也是作者們花費近6年對大坑山區植物觀察拍照的成果，值得稱許並廣為周知。本人感佩三位作者治學之勤，成書即將付梓之際，樂為之序。

中國醫藥大學校長

黃榮村 謹誌

2011年7月5日

院長序

　　隨著醫藥知識的進步，許多疾病的病因被了解得更透徹，在治病藥物上的研發，藥物學家掌握了更多的藥理機制，因此對於藥物結構與活性(SAR)的歸納，所提供的資訊就更加充分。雖然研發藥物的各種知識都在進步，但是藥物的發跡起於天然物，這是永遠不變的事實，所以本人才會於2006年，透過國科會的生技製藥國家型計畫，執行「天然資源中新先導藥物之探索」(臺灣產植物之採集與抗癌、抗病毒及心血管活性成分之分離研究)，成果相當豐碩。

　　中國醫藥大學地處臺中市，鄰近有大坑風景區，該山區植物種類豐富，針對本校同仁之天然物研究，大坑風景區恰提供了一個重要的天然資源庫。本院中國藥學暨中藥資源學系黃冠中副教授平日為了實驗需要，經常與本院藥學系系主任吳介信教授、弘光科技大學黃世勳助理教授(本校藥學系校友，現受系辦邀請參與藥用植物學實驗課程之解說)到大坑各步道採集及調查藥用植物資源。今三人將其調查成果，取其精華成書，書名定為《大坑藥用植物解說手冊》，本人閱覽過其初稿，確是一本深入淺出的解說專書，應可輕易引領初學者進入藥用植物之殿堂。

　　同時，這本解說手冊也為本校同仁及學生或社會人士對於大坑風景區植物有研究興趣者提供一份參考指引，雖說「天然藥物」並非僅止於植物類藥物，可是藥用植物確是其最主要的一部分，看到本書三位作者對於藥用植物文獻整理之用心，相信此舉對於國內「天然藥物」研究之推展更有所助益。今成書即將問世，本人感佩作者們之辛勤，樂為序推薦。

中國醫藥大學藥學院院長

吳天賞 謹誌

2011年7月4日

系主任序

　　大坑風景區位於臺中市北屯區，自然生態優美，尤其是植物的多樣性更是豐富，向有「臺中後花園」、「臺中的陽明山」之雅稱，它也是市民及登山客愛好的休閒觀光景點，每逢假日登山遊客絡繹不絕，熙熙攘攘的人潮更增添了大坑風景區熱鬧的氣氛。

　　臺中市為中國醫藥大學之所在地，部分課程若與自然生態相關，大坑風景區必然是我們的最佳學習地點，本人自歷任中國醫藥大學藥學院代理院長、藥學系主任以來，積極推展課程教學活用之理念，向來建議同仁們將室內課程的學習帶至戶外實習，而學生們在戶外的活潑氣氛及實物的接觸下，相信更能提高學習的興趣。

　　而本校藥學系的專業科目中，以「藥用植物學」與自然生態最相關，以往課程進行時，也曾帶領學生們至大坑風景區實地辨識藥用植物，而學校相關社團「樂草會」(專研藥用植物的社團)訓練幹部及解說員時，也是以大坑風景區作為重要的訓練基地。近年來，我與本校中國藥學暨中藥資源學系黃冠中副教授、弘光科技大學黃世勳助理教授(本系校友，現受本系邀請參與藥用植物學實驗課程之解說)多次至大坑各步道調查藥用植物資源，發現其植物種類遠超過1000種，可見大坑風景區確實是學習「藥用植物」的最佳地點之一。

　　查閱相關文獻，至今尚無關於大坑藥用植物資源的相關研究或專書，基於提供本校藥學系學生在學習藥用植物時，能有一本簡易入門的實習專書，我們試著將大坑1至5號登山步道常見植物進行整理，收錄其中近300種可供藥用者於本書，並將書名定為《大坑藥用植物解說手冊》，希望藉由本書的付梓，能對本系學生之藥用植物學習有所助益。

中國醫藥大學藥學系系主任

謹誌

2011年6月6日

出版序

　　中華藥用植物學會即將於建國100年成立，本會為依法設立、非以營利為目的之社會團體，以研究推廣藥用植物，促進藥用植物產業發展，發揚中華醫藥知識為宗旨。本會之任務如下：

　　一、關於藥用植物之研究及其推廣事宜。

　　二、關於藥用植物事業之輔導改進事宜。

　　三、關於藥用植物資源之調查及保育事宜。

　　四、關於藥用植物種原之收集及保存事宜。

　　五、關於藥用植物驗方之蒐集研究事宜。

　　六、關於藥用植物書籍之收藏、編纂、翻譯及出版發行事宜。

　　七、關於國內外藥用植物相關團體之交流事宜。

　　八、關於藥用植物之臨床應用推廣事宜。

　　九、關於藥用植物之專業人才培訓事宜。

　　十、關於其他有關藥用植物事項。

　　而本書《大坑藥用植物解說手冊》的編纂及出版正是本會創會理念的延伸，未來中華藥用植物學會的相關課程或解說員培訓也將以大坑地區的步道為基地，因為大坑擁有相當豐沛的植物種類，初步估計遠超過1000種，其中亦包含中高海拔植物臺灣馬醉木。對於藥用植物初學者而言，大坑可說是最佳的實習園區，若能熟悉本區的植物種類，再加上對其應用之實踐，相信在面對臺灣各地中低海拔之藥用植物解說，應該是無往不利。

　　在此特別感謝中國醫藥大學藥學系吳主任介信教授、中國藥學暨中藥資源學系黃冠中教授大力相助此次的編輯，也感謝藥學系藥用植物學科廖江川教授給予許多編輯上的寶貴意見，本書才得以在中華藥用植物學會成立前付梓問世，而這本解說手冊也將推廣成本會新進會員人手一冊，並作為本會新進會員「入會受訓課程」（免費，結業後頒給本會「專業證書」）之實習教材。

　　最後，謹以感恩的心謝謝所有關心中華藥用植物學會成立籌備的前輩們，尤其是發起人會議前來指導的貴賓：中國醫藥大學張永勳教授，輔導會臺中市藥用植物研究會游澤虎理事長、林進文理事長，以及鄒聰智顧問。同時，也感謝本會33位發起人的催生，沒有您們的支持，中華藥用植物學會就沒有起點的出現，讓我們共同期待建國100年「中華藥用植物學會」的誕生。

中華藥用植物學會籌備會主委

黃世勳 謹誌

2011年6月26日

作者序

臺灣地處熱帶及亞熱帶交界之處，再加上境內高山聳立，地形崎嶇複雜，這使得臺灣的植物種類極為豐富。面對大陸進口藥材價格的極端波動，如何落實藥材的本土化，杜絕進口藥材價格之波動，已是一個重要的課題。臺灣人民的用藥要能就地取材，首先需要掌握臺灣美麗寶島上的藥用植物資源。

近年來，本人由於實驗的需要，經常帶領學生們上山採藥，發現就低海拔植物而言，大坑風景區的植物種類相當豐富，且具有代表性。今年年初黃世勳博士邀請本人共同發起中華藥用植物學會，我欣然同意，並建議其著手編輯這本《大坑藥用植物解說手冊》，同時，我們也邀請本校藥學系吳介信主任參與此項編輯工作，編輯過程，我們參酌了多方的意見，尤其黃世勳博士現正受本校藥學系之邀請，參與該系藥用植物學實驗課程之教學，更能掌握學生的學習需求。

而從整理照片到文字的編輯，雖然只有短短6個月，但其中的照片資料是我們三位作者累積近6年對大坑各步道植物觀察的心血結晶，本書礙於篇幅的限制，我們只能將大坑近300種常見藥用植物介紹給大家，但本區植物種類遠超過1000種，我們考慮將更多的大坑植物相關資料另書出版。

本書編撰架構主要分為四部分：(1)前言：簡介大坑1至5號登山步道及其植被帶概述；(2)大坑登山步道藥用植物簡介：選錄50種藥用植物作為解說範例，希望能給有志於大坑植物學習或導覽解說者，較多的參考資訊；(3)大坑登山步道藥用植物圖錄：選錄常見大坑藥用植物231種，簡述其中文名、科名、學名、別名、藥用，以利學習者的查閱；(4)藥用植物之形態術語：此為藥用植物初學者必備知識。

最後，特別感謝本校黃校長榮村教授及藥學院吳院長天賞教授於百忙當中，撥空為本書作序，希望本書的出版，能提供本校學生及社會大眾一本藥用植物野外實習的簡易教材。而本書也是臺灣藥用植物資源叢書的一部分，「大坑」只是個起頭，希望未來這項工作可延伸至臺灣各縣市，也預祝「中華藥用植物學會」成立順利，會務昌隆。

中國醫藥大學中國藥學暨中藥資源學系副教授

黃冠中 謹誌

2011年6月30日

目 錄

8

前言

大坑簡介

大坑地名的由來，乃因早期住民的聚落建於一個寬大的坑谷中，故得名。它位於臺中市北屯區行政轄區範圍內，其北接中興嶺，東有頭料山，南臨廓子坑溪。從行政區域來看，大坑地區概指民德、大坑、東山、廓子、民政等5里，但在日據時代，廣義的大坑還包含軍功寮（即今軍功里與和平里），幾乎大部份溪東地區（旱溪以東），都可以納入廣義的大坑，甚至現今的

東山路與北屯路口，仍被人們稱作「大坑口」呢！所以，正當大家由文心路穿越北屯路，進入東山路後，就可以算是您已進入了大坑地區囉！

1：現今的東山路與北屯路口，仍被人們稱作「大坑口」。
2：大坑圓環的老楓樹是大坑地區之重要地標
3：圓環老楓樹下的土地公，庇祐著大坑居民。

　　整體而言，大坑山區的地勢並不高，若真要談到「山」的話，那勉強算一算，也只能找出3座，它們就是頭嵙山(約海拔859公尺)、二嵙山(約海拔779公尺)、觀音山(約海拔350公尺)，其中頭嵙山是臺中縣市合併(2010年)前，舊臺中市最高的地方，也是最東邊的地區，而二嵙山在5號步道的稜線上，旁邊也有一座(舊)臺中市建城90週年紀念碑。所以，對於喜歡休閒式登山的朋友們而言，既輕鬆又能得到登山的樂趣，大坑可是他們的最佳選擇喔！

　　而大坑山區也可說是大肚溪的源頭，因為在其境內有大坑溪、濁水溪、清水溪、橫坑溪、廊子坑溪等5條溪，它們的溪水都直接流入大里溪，再匯入大肚溪。至於可供親子遊樂之處，主要有2處，分別是北邊的體能訓練場(接近1號登山步道起點)，還有南邊的中正露營區(接近4號登山步道起點)，許多團體的訓練活動也都曾在這兩個地方舉辦，該處亦可供露營使用。

大坑風景區

大坑風景區幾乎涵蓋整個大坑地區，其乃是因應都市計劃所劃定的一般風景區，面積廣達3,300公頃，約佔(舊)臺中市五分之一幅地，為全臺最大的都市計劃風景區，區內因尚未研訂風景特定區計劃，以目前狀況而言，既非風景特定區，亦非觀光地區。區內除了600餘公頃為國有林地外，其他均為私人用地。目前區內除了有2家民營遊樂區，即東山樂園與亞哥花園，採收門票管制外，整個大坑風景區並未設有入口管制處，也未設立收費處。區內景點規劃尚包括：10條登山步道、1處親子遊樂區（指體能訓練場）、1處烤肉露營區（指中正露營區）、1處螢火蟲復育區、1處蝴蝶生態園區、數家溫泉休閒區及多家農業單位輔導之休閒農業產銷班等。

而本區主管機關，幾乎遍及市府各單位，如：登山步道、風景遊樂區為交通旅遊局；休閒農業觀光、大坑圓環商圈發展為經濟局；寺廟宗教文化觀光為文化局（民政局）；城鄉風貌社區整體改造為工務局；橋樑工程景觀施作為建設局。

1：溫泉休閒業是大坑風景區未來發展重點之一
2：大坑街道的招牌已有完整的規劃

大坑1至5號登山步道

大坑最令人印象深刻之處，在於其各大登山步道，這是臺中市政府為了提倡森林遊樂與休閒保健，所規劃的一項重大建設，系統步道間相互通達，並設有涼亭、休息平台，可供登山民眾小憩。而工程執行於民國69年起於大坑連坑巷以東至(舊)臺中縣市分界之山區間，興建完成1至5號登山步道(全長共9,970公尺，若包含5-1號步道，總長有11,970公尺)，其中1至4號步道皆大致東西橫向，且相互平行，而5號步道呈南北縱向，沿山主線將1至4號步道連接起來。而在東山路西側的6至10號步道，是後來再興建完成的，其中6至8號步道總長度共6,592公尺，這3條登山步道恰與潭子區的風洞石風景區相結合呼應，帶動了該地區的休閒人潮，也為大坑地區的觀光休閒事業，帶來很大的發展潛力。

不過，大坑1至5號登山步道因為完成時間較早，步道規劃也較天然，相較之下，仍較受登山朋友之喜好，對於植物生態之觀察也較豐富，而6至10號步道較適合廣大民眾男女老少健行，而1至5號步道對登山客仍需有選擇性，如：2至4號步道因具有陡坡，心臟病或體力較差的朋友，請勿輕易嘗試。另外，登爬各步道時，最好能穿著長袖衣褲，並噴驅蟲液，有棍棒打草驚蛇更佳，以免遭蟲、蛇咬傷。下列為1至5號登山步道的介紹：

1號登山步道

此為頭嵙山系最北邊的登山步道,其起點即為體能訓練場,場內樹種以相思樹為主。此步道坡度平坦,沿途皆設有木梯,可輕鬆行走,適合親子踏青同遊,全程約有1,520公尺,海拔高度介於395至700公尺間,其沿途樹木茂盛,夏日可免日曬之苦,若您稍微留意有時可見松鼠出現,也可能有猴群出沒喔!步道末端連接5號步道,回程可原路折回,或經由2、3、4號步道返回。體能訓練場位於本步道起點,它佔地約2公頃,場內有親子遊樂、體能鍛鍊、木棧道等多種簡易親子遊樂設施,並有涼亭、洗手間供遊客休憩,場內亦可見與大坑歷史相關的人文資料標示,值得親子同行育樂。

1:體能訓練場內樹種以相思樹為主
2:大坑1號登山步道之一隅

3：大坑2號登山步道之休憩亭
4：大坑2號登山步道之敬告遊客標語
5：大坑2號登山步道之一隅

2號登山步道

　　本步道起點位於清水巷與連坑巷交會處，全程約有1,360公尺，海拔高度介於445至745公尺間，由2號停車場開始，經過一座小木橋後，即以45度斜坡上去，而接下來的路段，沿途尚有兩段近60度的大斜坡，需依賴兩側繩索助爬。整體而言，本步道沿途起起落落，對於登爬者極具挑戰性，適合想訓練體能的朋友嘗試。當然，本步道擁有幽靜美麗的風景，也是享受森林浴的最佳步道。

3號登山步道

本步道登錄的鳥種甚多，是賞鳥的最佳去處之一。其起點位於連坑巷上，全程約有1,900公尺，海拔高度介於415至795公尺間，沿途樹木較少，面對夏日艷陽高照時，務必有防曬準備，以免被烈日烤焦了！但其景緻常因四季不同而明顯變化，是觀察自然季節轉變的野外教材。其登爬難易度一般認為較前兩條困難。

大坑3號登山步道之一隅

4號登山步道

本步道的登爬難易度，被認為是全部步道中最難的，全程約有2,690公尺，海拔高度介於475至805公尺間，坡度落差極大，其中一段長約300公尺的垂直陡坡，考驗遊客的體力及耐力，被稱為「軟腳坡」，其起點位於中正露營區營火場地旁邊，終點接上5號步道。在接上木梯架設的步道前，需經過一座只有兩人可擦身而過的小型吊橋。走這段步道的人，常由5號步道，再轉3號步道做回程，對市民而言已是體能極限的大考驗了。本步道的起點有中正露營區，其位於臺中市大坑頭料山西方，共可容納1500餘人在此紮營活動，區內並設有烤肉區、露營區、炊事區、取水處、浴室、廁所、風雨棚、小型停車場、管理站等公共設施，也有器材租借、採購及團體住宿等服務，歡迎大家前往利用。

● 聯絡地址：臺中市北屯區北坑巷中正露營區
● 聯絡電話：(04)2239-0685(每日8：30至22：30)

4號登山步道旁的青剛櫟

1：於中正露營區樹上所拍到的臺灣獼猴
2：4號登山步道木梯起點處，立有「小心
　獼猴」之警示牌。
3：遠眺4號登山步道
4：經過長青吊橋即可開始登爬4號登山步
　道之木梯

5號登山步道

由於本步道連接了1至4號步道，通常是登爬者在各步道間的銜接路段，若您想直接進入5號步道，可由中興嶺附近的新五村頭科巷起點開始，有悠長的原木棧道縱橫其間，綠蔭濃密，全程約有2,500公尺，海拔高度介於595至859公尺間，沿途可經過多處視野良好的展望點。若您改由5-1步道登山口進入本步道，則可遇見一座臺中市建城90週年紀念碑，最後可接黑松亭，而至5號步道。

本步道很具特色，擁有全部步道中的五最：（1）步道最長（含5-1步道，約4500公尺）；（2）涼亭最多（有90週年紀念碑、城中亭、黑松亭、望鄉亭、獅子亭、高峰亭、觀日亭、木塔亭、健康之亭、望幽亭）；（3）海拔最高（頭料山頂，標高859公尺，也是(舊)臺中市最高點）；（4）巨木最大（樹種為臺灣五葉松）；（5）景觀最好（在望鄉亭或觀日亭、健康之亭皆可遠眺台中港外海）。

1：頭料山頂標高859公尺，是(舊)臺中市之最高點。
2：5號登山步道所眺望的斷崖上之臺灣五葉松
3：5號登山步道與3號登山步道交接處之指引標示
4：5號登山步道途中有許多涼亭

大坑植被帶概述

大坑地區由於地形陡峭，又容易崩土，土層保持不易，因此形成特殊的植物生態，連原產於臺灣高海拔的臺灣馬醉木，都可在本區最高點的頭料山頂發現其蹤跡。而整體大坑植物種類，以樟科及殼斗科為主，海拔450公尺以下區域，多數遭人為開墾破壞，而成為果園、竹林等；海拔700公尺以上區域，則以臺灣蘆竹、五節芒、無患子、烏皮九芎、墨點櫻桃、油葉石櫟、大頭茶、臺灣紅豆樹等佔優勢；海拔450至700公尺間，植物種類最豐富，以青剛櫟、軟毛柿、小梗木薑子、山烏桕、菊花木、土肉桂、九節木、鵝掌柴、香楠、赤楠等為主。

1：墨點櫻桃的葉背散生多數黑色腺點，很具特色。

2：結果的臺灣紅豆樹

3：結果的臺灣馬醉木

往大坑交通指南

開車族

前往大坑風景區最適合的開車，因為有個登山口附近皆有停車場，非常便利：

1. 南下：國道1號→大雅交流道→中清路(往臺中方向)→左轉入文心路→直走接東山路→直走可至大坑圓環(大坑風景區的地標)。

2. 北上：國道1號→中港交流道→中港路(往臺中方向)→左轉入文心路→直走接東山路→直走可至大坑圓環(大坑風景區的地標)。

搭車族

可搭次車，亦可，於臺中交通運輸至臺中火車站，再轉未各班次班車，以下為各款各公司之發車及時間：

◎仁友客運1路往大坑圓環班次，發車於綠川東站，時間如下：
6：43、7：12、……、21：23、22：02(每隔25至45分乙班車)
該路車於大坑圓環發車時間如下：
6：33、6：40、6：54、……、20：47、21：26(每隔25至45分乙班車)

◎仁友客運2路往亞哥花園班次，發車於綠川東站，時間如下：
8：42、10：18、11：42、13：37、15：04、16：41 (平日)
7：43、8：33、9：23、10：13、10：57、11：47、12：50、14：00、14：33、15：23、16：00、17：02 (例假日)
該路車於亞哥花園發車時間如下：
9：31、11：02、12：57、14：24、15：58、17：33 (平日)
8：43、9：33、10：13、11：01、12：14、13：20、13：46、14：43、15：20、16：17、17：00、18：05 (例假日)

◎仁友客運31路往中興嶺班次，發車於綠川東站，時間如下：
5：15、7：05、9：20、11：58、13：51、15：36
該路車於中興嶺發車時間如下：
6：05、8：20、11：02、12：58、14：43、16：38

◎豐原客運往東勢、新社的班車，由臺中站(於臺中火車站斜對面)發車時間自6：00起，約每30分鐘一班，皆可至中興嶺。

◎臺中客運15路往廍子坑橋班次，發車於綠川東站，時間如下：
5：15、6：35、7：10、8：00、8：35、9：22、10：05、10：45、12：10、12：25、13：10、15：50、17：20、18：45
該路車於廍子坑橋發車時間如下
6：00、7：15、7：50、8：45、9：20、10：05、10：45、11：45、12：25、13：05、16：35、18：05

◎若搭乘仁友客運21路、31路及豐原客運往東勢、新社的班車，可於清水橋下車，由清水巷步行至2號步道；若於青山社區下車，可由濁水巷步行至1號步道。

◎若搭乘仁友客運2路班車，可於華陽山莊下車，再步行前往3、4號步道之登山口。

山友營營班中時刻人有巾動之可能性，諳捨來各，可串先洽洽營管運公司或上網查询：

仁友客運公司服務電話：(04)2225-5166

網址：http：//www.rybus.com.tw

豐原客運公司服務電話：(04)2523-4175

網址：http：//www.fybus.com.tw

臺中客運公司服務電話：(04)2225-5561～5

網址：http：//www.tcbus.com.tw

重要救援單位

　　當您在大坑風景區內，發生緊急事故時，除了可向附近居民求救外，也可與下列單位聯繫：

＊日間：大坑風景區管理所

　地址：台中市北屯區東山路2段濁水巷9-1號

　電話：(04)2239-4272、2239-4273

＊夜間：中正露營區

　地址：台中市北屯區北坑巷中正露營區

　電話：(04)2239-0685

＊東山派出所：(04)2239-2713

大坑登山步道藥用植物選介

大坑擁有相當豐富的植物多樣性，藉此選錄50種藥用植物作為解說範例，希望能給有志於大坑植物學習或導覽解說者，較多的參考資訊，而每種植物更以多張圖片來呈現，對於非花季或非果期至大坑導覽解說者，也可以書中的圖片向學員們介紹說明植物的花果。

1

毛革蓋菌　　　　　　　　（本圖攝於大坑1號登山步道）

科　　名：多孔菌科Polyporaceae

學　　名：*Coriolus hirsutus* (Wulf. *ex* Fr.) Quél.

別　　名：毛栓菌、毛多孔菌、絨毛栓菌、蝶毛菌。

辨識特徵：子實體無柄，側生或半平伏，單生至覆瓦狀疊生。菌蓋半圓
　　　　　形、扇形至圓形。蓋面淡黃色、灰白色至淡褐色，密生直立
　　　　　絨毛，有淡黃褐色至灰褐色同心環紋或稜紋。蓋緣薄而銳，
　　　　　波狀。菌肉白色至淡黃色，木栓質。菌管單層，與菌肉同
　　　　　色，管口白色、淡黃色或暗灰色。孢子長橢圓形至圓筒形，
　　　　　有喙突，無色，平滑，稍彎曲。

分　　布：臺灣全境低、中海拔闊葉林內之腐木上。

解　說

每當氣候多濕時，您可能會在大坑登山步道上的枯木發現這種菌菇，它是數月至1年生的中型多孔菌，背面菌孔有時會從圓形、角形開裂成近齒狀，很特別，它另一特色是蓋面佈滿了毛絨，所以，它的名稱總是帶個「毛」字。藥用方面，子實體味甘、淡，性微寒，能祛風除濕、清肺止咳、祛腐生肌，治風濕疼痛、肺熱咳嗽、瘡瘍膿腫等。現代藥理研究發現其熱水萃取物對於小白鼠肉瘤S_{180}具抑制作用。

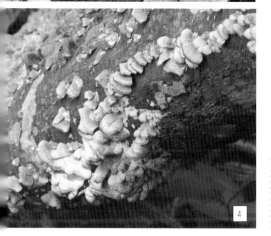

1 毛革蓋菌的蓋緣呈波狀
2 毛革蓋菌有時單生
3 毛革蓋菌的背面
4 成群生長的毛革蓋菌

裂褶菌　　　　　　　　　　　　　（本圖攝於大坑3號登山步道）

科　　名：裂褶菌科Schizophyllaceae

學　　名：*Schizophyllum commune* Fr.

別　　名：雞毛菌、樹花、白參、天花菌、八擔柴。

辨識特徵：實體往往覆瓦狀疊生。菌蓋無柄，側生，或背面有附著點，
　　　　　強韌，革質，乾時捲縮，濕潤時回復原狀，扇形或腎形，
　　　　　寬1～4公分，厚0.2～0.4公分。蓋面白色至灰白色，密覆雞
　　　　　毛似的白絨毛或粗毛，常有環紋。蓋緣反捲，有多數不規則
　　　　　裂瓣，呈小雲狀鋸齒。菌肉薄，乾韌，白色帶褐色。菌褶
　　　　　幅窄，從基部放射而出，直達蓋緣盡頭，有長短不同的3種
　　　　　褶，褶間常有橫脈，沿邊緣縱裂反捲，白色、灰褐色至淡肉
　　　　　桂色。孢子長橢圓形，無色，光滑，孢子印白色。

分　　布：臺灣平地至高海拔山野間的枯木，甚至塑膠製品上亦可見。

解　說

裂褶菌常見於大坑各登山步道的枯木或棧道木頭上，其生長期幾乎全年，為數週生小型野菇，是一種木材白腐菌。本種幼嫩可食，和蛋拌炒口感極佳。藥用方面，子實體味甘，性平，能滋補強身、補腎益精、止帶、抗癌，治體虛氣弱、帶下、月經量少、腎氣不足、陽萎早泄等。由於裂褶菌色白，又具有滋補強身作用，且氣香味鮮，大陸雲南南部民間習稱其為「白參」。

應用上，作滋補劑時，可取裂褶菌9～15公克，水煎，並以紅糖為引，日服2次。而治療婦女白帶，可取裂褶菌9～15公克，與雞蛋燉服。現代藥理研究則發現裂褶菌的抗癌作用，可能與其提高機體之免疫功能有關。

海金沙　　　　　　　　　　　　（本圖攝於大坑1號登山步道）

科　　名：莎草蕨科 Schizaeaceae

學　　名：_Lygodium japonicum_ (Thunb.) Sw.

別　　名：珍中毛、珍中笔、珍東毛仔、藤東毛、鼎炊藤、苦藤、左轉
藤、鐵線藤。

辨識特徵：多年生草質藤本，常攀援他物，長1～5公尺，根狀莖橫走。
葉多數，對生於葉軸的短枝兩側，分2型，不育羽片(或稱營
養葉)尖三角形，長寬幾乎相等，二回羽狀，邊緣有不整齊
的細鈍鋸齒；可育羽片(或稱孢子葉)卵狀三角形，較小，邊
緣窄化、皺縮，亦為二回羽狀，羽片邊緣具多數深裂，裂片
指狀。孢子囊堆著生於指狀裂溝之溝緣。

分　　布：臺灣全境低海拔地區相當常見。

〔圖中尺規最小刻度為0.1公分〕

2

〔圖中尺規最小刻度為0.1公分〕

3

解　說

本植物為蕨類家族之一員，孢子期幾乎全年，但以夏末為主。葉軸常被利用作成小籃子、鍋刷等。園藝則以盆栽方式或攀附庭園以供觀賞，枝葉亦可為插花用之花材。從植物學的角度來看，海金沙真正的莖長在土中，當它從地面長出來的一條藤蔓，事實上是它的一片葉子，我們一般認為海金沙的莖部其實是它的「葉軸」，這葉軸可以無限增長，往往一生長就縱橫交錯一大片，所以大家才會說海金沙擁有世界上最長的葉子。

藥用方面，以成熟孢子為主，藥材稱海金沙，味甘、淡，性寒，有利尿、清熱之效，是中醫師治淋病之要藥，能治泌尿道感染、尿路結石、小便出血、白帶、白濁、腎炎水腫、肝炎、咽喉腫痛、痢疾、皮膚濕疹、帶狀疱疹等。全草(藥材稱珍中毛)效用與其孢子相近，但中醫師沒有以全草入藥的習慣，珍中毛藥材僅止於民間青草藥店之使用，尤其是供作青草茶之原料。臨床應用方例如下：(1)治急性小便淋痛：珍中毛(全草)30公克、筆仔草、黃花蜜菜、鈕仔茄根各20公克，梔子15公克，水煎服。(2)治盲腸炎：珍中毛(全草)75公克、黃連8公克，水煎服。上述方例中，若將珍中毛藥材改以海金沙(孢子)入藥，常用劑量應降為9～15公克。

1

臺灣金狗毛蕨

(本圖攝於大坑1號登山步道)

科　　名：蚌殼蕨科 Dicksoniaceae

學　　名：*Cibotium taiwanense* C. M. Kuo

別　　名：菲律賓金狗毛蕨、金狗(仔)毛、狗脊、金毛狗脊、金狗毛蕨。

辨識特徵：地上生，根莖粗大，密被金黃色鱗毛。三回羽狀複葉，叢生，葉柄長60～100公分，葉片廣卵形，背軸面白色，最小羽片呈線形，具鋸齒，葉脈游離，葉軸二側小羽片數量明顯的不相等。孢子囊堆著生於最小羽片基部葉緣，每一凹入處約有1～4枚，開口朝向遠軸面，孢膜蚌殼狀。

分　　布：臺灣全境海拔700公尺以下山地岩石地區，南北向寬闊峭壁上或其他遮陰及濕度較高的峭陡各地附近，常成群生長。

2

3

4

解　說

在醫療資源不足的年代裡，鄉下住屋的屋簷上總會掛著一隻「金狗仔毛」，它就是臺灣金狗毛蕨的根莖，而阿公阿嬤都會告訴我們，當身體受傷流血時，可拔取「金狗仔毛」的金黃色毛外敷傷口，即可止血。

而這種常見的蕨類植物，由於人們濫墾、濫採的結果，野生的「金狗仔毛」族群數量已急遽減少，倒是花市常見販售它。又其植株外形柔美，深具觀賞價值，很適合作點綴山石園景之用途。藥用方面，根莖（藥材稱狗脊，取其形似狗之脊骨而命名）味甘、苦，性溫，能補肝腎、強筋骨、祛風、除濕，治關節炎、坐骨神經痛、風寒濕痺、腎虛諸症等。金黃色鱗毛則能止血，治外傷出血。

1. 臺灣金狗毛蕨的三回羽狀複葉，其羽片基部通常有一側會缺乏小羽片(箭頭處)，呈現不對稱，如此可與同屬近親植物金毛蕨【 C. barometz (L.) J. Sm. 】區別。
2. 臺灣金狗毛蕨的孢膜呈蚌殼狀。
3. 臺灣金狗毛蕨的根莖密被金黃色鱗毛。
4. 花市中販賣的臺灣金狗毛蕨的根莖。

1

萊氏線蕨

（本圖攝於大坑1號登山步道）

科　　名：水龍骨科 Polypodiaceae
學　　名：*Colysis wrightii* (Hook.) Ching
別　　名：藍天草、連天草、小肺經草、葉下青、褐葉線蕨。
辨識特徵：地上生，高25～40公分，根莖匍匐，被褐色鱗片，一般僅長
　　　　　　在地表而不伸入地中。單葉散生，具柄，葉片倒披針形，先
　　　　　　端漸尖，中間部分最寬，向基部漸窄，以狹翅狀下延，淺波
　　　　　　緣，乾燥時呈黑褐色，葉片薄紙質，斜上的側脈成網狀，內
　　　　　　藏單一或分歧小脈。孢子囊堆由主脈斜向長出，幾乎到達葉
　　　　　　緣，在側脈間呈連續或偶中斷線形，無孢膜。
分　　布：臺灣全境海拔1000公尺以下潮濕溪邊的岩石上。

2

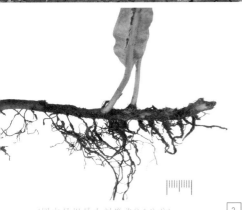

(圖中尺規最小刻度為0.1公分)

3

解　說

萊氏線蕨因其孢子囊堆呈線形，故名，其
孢子期主要在秋、冬間。藥用取全草，味
甘，性平，亦有帶澀之說，能補肺鎮咳、
散瘀止血、止帶，治婦女血崩、白帶、虛
勞咳嗽、痰乾不易咳等，煎湯內服劑量3～
15公克。

1.萊氏線蕨葉背的孢子囊堆
2.萊氏線蕨喜愛潮濕的環境
3.萊氏線蕨的根莖

1

紅果薹

（本圖攝於大坑2號登山步道）

科　　名：莎草科 Cyperaceae

學　　名：*Carex baccans* Nees

別　　名：山稗子、紅稗、土稗子、山高粱。

辨識特徵：草本，稈高60～150公分，三稜形。葉稈生，葉片較稈長，寬0.5～1.6公分，闊線形，先端漸尖，2條脈，硬革質，暗綠色。葉鞘長10～15公分，包住節間，上部呈綠色，下部呈紅棕色。圓錐花序長5～25公分，分枝成5～20個小穗。下部葉狀苞片較花序長，苞片基部呈鞘狀。果囊膨脹，光滑，近圓形。瘦果橢圓形，橫截面三角形。

分　　布：臺灣全境中、低海拔山坡林緣或灌林濕地。

An Illustrated Guide to Medicinal
Plants in Dakeng

35

解　說

紅果薹喜生於山區濕地，大坑登山步道散見。形態上，它保有「莎草科」植物的典型特徵，就是莖稈呈三稜形，藉此可對其初步鑑定，不過，平常它未結果時，您可能還是很難發現它，但當其果熟時，果穗呈暗紅色，可就很能吸引登山者的目光了。藥用方面，全草味苦、澀，性寒，能調經、止血，治血崩、月經不調、胃腸道出血、流鼻血、泄瀉等。種子能透疹止咳、補中利水，治小兒麻疹、水痘、百日咳、脫肛、浮腫等。

1 紅果薹開花。
2 結果的紅果薹。
3 紅果薹成熟的暗紅色果穗，很能吸引登山者的目光。

山棕

(本圖攝於大坑1號登山步道)

科　　名：棕櫚科 Palmae

學　　名：*Arenga engleri* Becc.

別　　名：桄榔(子)、虎尾棕、棕節。

辨識特徵：灌木或小喬木，幹莖矮短。奇數羽狀複葉互生，密集，葉柄粗大具稜角；葉鞘黑色，富含纖維質。小葉多數，其在中部者較長，漸向上方小葉愈短，頂生2～3枚小葉合生，先端鈍形，基部向內舟折而逐漸狹窄，邊緣具不整齊疏鋸齒，上表面深綠色，下表面灰色。單性花，雌雄異株，圓錐花序多分枝。雄花的雄蕊多數。雌花子房3室。核果球形或倒卵形。種子3枚，被灰褐色斑點。

分　　布：臺灣全境低海拔山區。

解　說

本植物是著名的民俗植物，早期人們都取其葉或葉鞘纖維作成掃帚使用，不過，特別的是近來臺東地區餐廳業者竟推出「茶油棕櫚筍」美食，類似「半天筍」，不過口感比「半天筍」更柔嫩，原來「棕櫚筍」就是山棕的嫩芽（業者通常砍取3年樹齡的樹幹，取內莖處柔嫩部分烹調），而這種過去山區四處可見的「山棕」，竟然也能成為餐桌美食，許多阿公阿嬤吃了這道菜都訝異的說：「當掃帚的山棕也能吃啊，真是奇怪？」。

而山棕的葉或葉鞘纖維除了能製作掃帚，還能作成刷子、簑衣、繩子、床墊等。葉軸分割成細條後，可製成堅韌的繩索，先民用於建築上的綁繩，非常堅固。羽狀葉可搭蓋涼棚遮蔭。由於其樹姿優美，也適合庭園觀賞栽培。葉柄還可製糖，方法是將山棕的葉子砍下，去除葉片，碾碎葉柄以製糖，所以，山棕亦被稱為「臺灣砂糖椰子」。

另外，其核果成熟時，由黃轉變為紅色，白鼻心和松鼠最喜歡吃，通常有山棕果的地方，即有白鼻心之蹤跡，有趣的是白鼻心吃了山棕果又排糞，糞堆中含有山棕種子，一觸地容易發芽，這也使得山棕於大自然中具有強勢的繁殖力。藥用方面，種子味苦、辛，性溫，為清血良藥。果皮為滋養強壯劑。嫩葉可治高血壓。

1.山棕的奇數羽狀複葉
2.山棕的葉鞘黑色，且富含纖維質
3.山棕結果了
4.山棕為低海拔山區常見植物之一

黃藤

科　　名：棕櫚科 Palmae

學　　名：*Calamus quiquesetinervius* Burret

別　　名：(闊葉)省藤、五脈剛毛省藤、藤根、假黃藤。

辨識特徵：攀緣性藤本，莖蔓長達70公尺，全株被刺。葉羽狀全裂，小葉披針形，幾乎無柄，寬約4公分，中肋不明顯，兩側各具小脈3～5條，常2～5枚集生，細鋸齒緣，葉軸及葉柄具銳刺。葉鞘長約4公分，具刺。肉穗花序腋生，佛焰花苞具刺，圓筒狹鞘狀，花序圓錐狀。果實橢圓形，長1.6～4公分，具14～17列鱗片。

分　　布：臺灣全境低、中海拔闊葉林內。

解　說

黃藤為省藤屬(*Calamus*)植物，故又別稱省藤、闊葉省藤、五脈剛毛省藤等，而省藤屬植物通常有多刺的特徵，黃藤也不例外，所以，野外觀察它們時宜小心，以免刺傷。藥用方面，黃藤的根及莖味苦，性平(或微寒)，藥材稱(黃)藤根，能驅蟲、利尿降火、祛風鎮痛、破瘀行血、竄氣，治蛔蟲、蟯蟲等腸道寄生，小便熱淋澀痛、牙痛、高血壓、中風、半身不遂、皮膚疹等。而促進乳汁分泌，可取藤根、通草根、車前草、筆仔草、棕根各20公克，水煎服。

臺灣民間將「藤根」藥材主要應用於心血管疾病，尤其是針對高血壓、中風之治療，其參考方例如下：(1)治高血壓、中風、半身不遂：生地、土茯苓、藤根各20公克，水煎服。(2)清血，治中風：一條根6公克，藤根、六汗各8公克，蘆根、牛頓草、梨根各12公克，水煎服。(3)治高血壓：藤根90公克，抱壁家蛇、生地各75公克，水煎服。(4)治高血壓：藤根40公克、苦瓜根20公克、抱壁家蛇10公克，紅糖6公克，水煎服。(5)治高血壓：藤根、苦瓜根、抱壁家蛇、枸杞根各20公克，水煎服。(6)治高血壓：藤根、苦瓜根各40公克，水煎服。(7)治高血壓：水丁香、藤根、苦瓜根、蔡鼻草各40公克，水煎服。

上述「抱壁家蛇」藥材為爵床科植物哈哼花【*Staurogyne concinnula* (Hance) Kuntze】的全草，其與「藤根」同為臺灣民間降血壓之良藥。另外，黃藤的藤心(幼嫩葉鞘)可食，口感佳且兼具退火作用，成熟果實也可食，而其莖蔓砍伐後，剝去葉鞘，即為藤材加工之原料。

1. 黃藤的葉呈羽狀全裂，小葉常2～5枚簇生
2. 黃藤的莖蔓漸漸增長，最後會攀爬於其他植物體上。
3. 黃藤的莖，葉軸及葉柄皆長刺刺

1

姑婆芋 （本圖攝於大坑2號登山步道）

科　　名：天南星科 Araceae

學　　名：*Alocasia macrorrhiza* (L.) Schott & Endl.

別　　名：天荷、觀音蓮、野芋、海芋。

辨識特徵：多年生草本，根莖粗大，地上莖長可達100公分以上，肉
　　　　　質，圓柱形。葉叢生莖頂，具柄，葉片闊卵形，波狀緣或全
　　　　　緣。花單性，肉穗花序。佛焰花苞粉綠色，下部呈筒狀，上
　　　　　部稍彎曲呈舟形。花序下部為雌花，上部為雄花，二者間有
　　　　　不孕部分隔開。漿果球形，熟時紅色。

分　　布：臺灣全境低至中海拔地區。

An Illustrated Guide to Medicinal
Plants in Dakeng

41

解　說

姑婆芋為著名的有毒植物，其全株汁液及根莖皆為劇毒，誤食可能引起喉部、胃部燒灼疼痛，甚至有幼兒痛死的紀錄，而汁液觸及眼睛可致劇痛。因誤食所至喉部、胃部燒灼疼痛，其解毒方法可速服大量的薑汁，但仍應送醫觀察。又其汁液偏鹼，對於不小心被「咬人貓」、「咬人狗」（兩者皆為蕁麻科之有毒植物，其有毒成分主要為蟻酸）刺傷者，可取其汁液塗抹刺腫熱痛患處，有緩解的效果。

早期物資缺乏時，人們曾取其葉包裹販售之魚、肉，野外生活時，其大型葉亦可做臨時頂棚或雨具。藥用以根莖及莖為主，可治癰癧、吐瀉、腸傷寒、風濕痛、疝氣、赤白帶下、癰疽腫痛、萎縮性鼻炎、肺結核、風熱頭痛、疔瘡、疥癬、痔瘡、蛇犬咬傷等，但宜慎用，以免中毒。

1.姑婆芋為常見的有毒植物
2.姑婆芋開花
3.姑婆芋未成熟的果穗，先端還殘存枯萎的雄花序
4.姑婆芋成熟的果穗

柚葉藤

(本圖攝於大坑1號登山步道)

科　　名：天南星科 Araceae

學　　名：*Pothos chinensis* (Raf.) Merr.

別　　名：石蒲藤、石葫蘆、石蜈蚣、背帶藤、石柑(仔)。

辨識特徵：常綠藤本，莖細長而多節，全株光滑。單身複葉，互生，幾無柄，翼葉與葉片連接處具關節，葉片卵狀披針形至長橢圓形，全緣，下表面細脈顯著。佛焰花序，短橢圓形，腋出。佛焰花苞淡黃色，卵形，先端銳尖。雄蕊具長花絲，花藥2枚。漿果長約1公分，稍彎曲，熟時呈紅色。

分　　布：臺灣全境郊野至低海拔山區，常附生於闊葉樹林內之樹幹或岩石上。

解　說

本植物的葉形近似柚子的葉子，故名。這類葉形可能是由三出複葉兩側的小葉退化而形成翼狀，整體看起來由大、小葉所組成，常被稱為「子母葉」，也稱「單身複葉」。又柚葉藤為攀緣性的藤本植物，植株看似蜈蚣爬行之狀，故有石蜈蚣、上壁蜈蚣、爬山蜈蚣等俗稱。

藥用方面，全草(稱石柑仔)味苦、辛，性微溫，能袪風除濕、舒筋活絡、導滯去積、活血散瘀、止咳，治跌打損傷、晚期血吸蟲病肝脾腫大、風濕關節痛、腰腿痛、小兒疳積、咳嗽、骨折、中耳炎、鼻塞流涕等。而治療晚期血吸蟲病肝脾腫大有一參考方例：石柑仔30公克，水煎服，每日1劑，10劑為一療程。但本品孕婦忌服。

1.柚葉藤開花
2.緊貼於樹幹上的柚葉藤，形似蜈蚣
3.柚葉藤乃利用氣生根(箭頭處)攀貼他物
4.柚葉藤的果實成熟了
5.柚葉藤開始長出生根

1

中國穿鞘花

（本圖攝於大坑3號登山步道）

科　　名：鴨跖草科 Commelinaceae

學　　名：*Amischotolype hispida* (Less. & A. Rich.) Hong

別　　名：穿鞘薑、穿鞘花、束陵草。

辨識特徵：多年生草本，莖基部平臥，上部直立，全株光滑。葉在莖上部叢生，倒披針形，全緣。葉鞘抱住莖，密生黃色硬毛。密生聚繖花序，在節上呈頭狀，腋生。花萼3片，倒卵形，離生，綠色且為肉質。花瓣3片，白色。雄蕊6枚。蒴果橢圓形，3室。種子每室2個，半橢圓形或橢圓形，具橘黃色肉質假種皮，表面呈水泡狀。

分　　布：臺灣全境中、低海拔山區之陰濕地上。

解　說

在大坑山區只要您稍微留意，要想發現中
國穿鞘花並不難，它的莖基部節上易生
根，可牢牢抓住地面。全草可供藥用，味
苦、淡，性寒，能利尿、祛濕、活血、生
津、止痛，治感冒咳嗽、肺熱哮喘、風濕
病、肝病、腎炎水腫、跌打、尿路感染、
毒蛇咬傷等。

天門冬　　　　　　　　（本圖攝於大坑4號登山步道入口道路旁）

科　　名：百合科 Liliaceae
學　　名：*Asparagus cochinchinensis* (Lour.) Merr.
別　　名：天冬、地門冬、顛勒、萬歲藤、白羅杉。
辨識特徵：半木質藤本，長1～2公尺，塊根呈紡錘形，莖上具有小鱗
　　　　　葉，小枝呈假葉狀，莖之外皮木質化後常呈螺旋狀扭曲。葉
　　　　　狀小枝3枚束生，線形或鐮刀形。退化葉呈鱗片狀，著生於
　　　　　主枝條上，常帶有短刺。花小，白色，1～4枚叢生，腋生。
　　　　　花被片6，排成2輪。雄蕊6枚。漿果球形，灰色或淡紅色，
　　　　　內含種子1粒。
分　　布：臺灣全境海拔1200公尺以下之山區。

解　說

天門冬帶刺，野外觀察時宜小心，以免刺傷。藥用以塊根為主，味甘、苦，性寒，藥材稱「天門冬」，為中醫師常用藥材之一，其於《神農本草經》即已收載，能養陰生津、潤肺清心、潤燥鎮咳、清肺降火、利尿解熱，治陰虛發熱、咳嗽吐血、肺癰、咽喉腫痛、痛風、心臟水腫、消渴多飲、痔瘡、便秘等，煎湯內服劑量為6～15公克。

臨床上，脾虛便溏、虛寒泄瀉者宜忌用。配伍應用如下：(1)治外感熱病、氣陰兩傷、不思飲食：加人參、乾地等。(2)治痰熱壅肺、痰黏難咳：加百合、桔梗、貝母、桑白皮等。(3)治陰虛火旺、口舌生瘡、齒齦腫痛：加玄參、生地、黃芩、茵陳等。(4)治熱病津傷、陰虧血少、大便秘結：加當歸、白芍、地黃、肉蓯蓉等。(5)治心神不安、健忘少寐：加麥冬、遠志、石菖蒲、鐵釣竿等。

另外，天門冬同科近緣植物麥門冬的塊根也是臨床常用藥材，藥材名為「麥門冬」，兩種藥材同樣善長補肺陰，經常一起配伍應用，但麥門冬兼能益胃止嘔、清心除煩，常用於治胃陰不足之舌乾口渴及陰虛有熱之心悸、失眠等症；天門冬則清火潤燥之力較強，且能滋養腎陰，可治腎陰不足之潮熱盜汗、夢遺、滑精等症。

細葉菝葜　　　　　　　　　　　　（本圖攝於大坑3號登山步道）

科　　名：菝葜科 Smilacaceae

學　　名：_Smilax elongato-umbellata_ Hayata

別　　名：和社菝葜、長微菝葜、長柄菝(葜)。

辨識特徵：蔓性灌木，小枝略呈「之」字形彎曲，散生鉤刺。單葉互生，葉柄具鞘，鞘具翼翅，鞘前端兩側各具卷鬚1條；葉片卵狀長橢圓形、披針形至線狀披針形，全緣或微波狀，主脈3～5條，於下表面凸起，革質，下表面粉白色。繖形花序腋生，單一，花序梗細長。花被片黃綠色，中間帶紅色，闊橢圓形。漿果球形，直徑約0.7公分，成熟時呈深藍色，並被白粉。

分　　布：臺灣東部及中部中海拔山區。

解　說

本植物多見於中海拔山區，但大坑登山步道有時可見，其植株微帶刺，宜小心觀察，以免刺傷。臺灣的菝葜科植物有菝葜屬(*Smilax*)及土茯苓屬(*Heterosmilax*)，菝葜屬約有20種，其中只有2種的莖為草質，其餘皆為木質；而土茯苓屬在臺灣有3種，莖皆為草質。又菝葜屬的莖常具刺，偶光滑無刺(其中草質莖的2種，皆無刺，分別稱七星牛尾菜及大武牛尾菜)；但土茯苓屬的莖皆光滑無刺。所以，一般植物同好認為「菝葜有刺，土茯苓無刺」的觀念，若由「屬」的角度來看是可被接受的，但應略修正為「菝葜(屬)可能有刺，土茯苓(屬)無刺」。

但容易令人混淆的是菝葜屬中，有的植物也是以「土茯苓」當中文名，像臺灣土茯苓(*S. lanceifolia* Roxb.)、土茯苓(*S. glabra* Roxb.，又稱禹餘糧)等，恰巧這兩者皆無刺(木質莖)，不過，菝葜屬中，無刺的木質莖種類還有其他植物。因此，正當野外採集到木質莖，且莖無刺，外形酷似菝葜屬植物時，它可能是臺灣土茯苓、土茯苓，也有機會是該屬其他植物，因此，「菝葜可能有刺，土茯苓無刺」對於菝葜屬植物的分類，仍然是可適用的觀念。另外，菝葜科有時也被合併於百合科(Liliaceae)，此處依《臺灣植物誌》第2版獨立成一科。

藥用方面，細葉菝葜的根莖味甘，性平，能清熱、除風毒，治崩漏、帶下、血淋、頸部淋巴結核、跌打損傷等。嫩葉可搗敷疱瘡。

1.生長於大坑登山楼道旁的細葉菝葜
2.結果的細葉菝葜
3.細葉菝葜的葉背粉白

恆春山藥

（本圖攝於大坑1號登山步道）

科　　名： 薯蕷科 Dioscoreaceae

學　　名： *Dioscorea doryphora* Hance

別　　名： 恆春薯蕷、戟葉田薯。

辨識特徵： 蔓性草本，氣生塊根(通稱零餘子)1～3個，長0.4～1公分，寬0.3～0.8公分，圓形或長橢圓形，腋生，棕色，莖纖細。單葉互生，具葉柄，葉片三角狀戟形，葉基呈深耳形，主脈7條，葉緣為全緣或波狀緣，革質，光滑，老葉呈暗綠色，幼葉呈淡綠色。雄花序為腋生穗狀花序，長2～9公分，花軸具溝，含10～25朵花，密生。花被6片，倒披針形。

分　　布： 臺灣全境平地至低海拔山區。

2

(圖中尺規最小刻度為0.1公分) 3

解　說

臺灣所產的山藥(指*Dioscorea*屬的植物)種類不少,多數可作為中藥「山藥」之來源植物,而恆春山藥被公認是眾多山藥來源植物中之優質品。而恆春山藥的葉腋會長出氣生塊根(通稱零餘子),當其零餘子成熟落地時,會直接長出新苗,藉此種無性繁殖方式來繁衍後代,當然恆春山藥也能以種子進行傳宗接代,但無性生殖的效益仍優於有性生殖。

藥用方面,其擔根體(藥材稱山藥)味甘,性平。能補脾健胃、益肺、澀精縮尿,治腎虛遺精、耳鳴、小便頻數、脾胃虧損、氣虛衰弱、肺虛喘咳等。臨床上,取山藥搭配熟地黃、澤瀉、山茱萸、牡丹皮、茯苓等藥材,即為著名的補養劑「六味地黃丸」,主要能滋陰補腎、養血益氣,治肝腎不足、真陰虧損、精血枯竭、憔悴羸弱、腰痛足酸、自汗盜汗、頭暈目眩、耳鳴耳聾、遺精便血、消渴、失血、失音、虛火牙痛、足跟作痛等。一般認為多服六味地黃丸,可減低老年慢性疾病的發生率。

1.恆春山藥結果了
2.恆春山藥即將開花
3.恆春山藥的零餘子特寫

1

月桃

（本圖攝於大坑中正露營區）

科　　名：薑科 Zingiberaceae

學　　名：*Alpinia zerumbet* (Pers.) Burtt & Smith

別　　名：玉桃、良姜、虎子花、豔山薑。

辨識特徵：多年生草本，高1～3公尺。葉片廣披針形，葉鞘甚長。圓錐花序下垂性，長20～30公分。花冠漏斗狀，花萼管狀，花冠中的唇瓣大型而帶黃色，並具有紅點及條斑。雄蕊3枚，但有2枚變成花瓣狀，只有1枚為可孕性。雌蕊1枚，柱頭從雄蕊的花藥中鑽出。果實球形，具有多數縱稜。種子多數，藍黑色，外被白色膜質的假種皮。

分　　布：臺灣全境低海拔山區的林緣及開闊地。

解　說

在古老的農業社會中，每逢節慶，都免不了
要做些「糕粿」來應景，增添喜氣，而這種
習俗並不因時代改變而被遺忘，即使在大都
會，至今還可見到賣粿的人，而粿多以糯米
做成，很黏手，因此，從前的人都習慣在粿
下面墊上一片月桃葉(亦有用黃槿葉、竹葉等
替代)，以方便取食，除了作粿墊外，月桃葉
還可用於包粽子，都可使粿或粽子更具獨特
風味。

藥用主要使用其種子，稱「月桃子」，味
辛、澀，性溫，能燥濕祛寒、除痰截瘧、健
脾暖胃，治心腹冷痛、胸腹脹滿、痰濕積
滯、消化不良、嘔吐腹瀉等。根(稱月桃根)
有行氣止痛、調中止嘔之效，能治赤白痢、
血崩、胃下垂等，也可健脾胃。而早期的臺
灣原住民多取根作藥，水煎內服，可治熱
病，若搗爛外敷，則治腫瘍、受傷等。

月桃子又稱「本砂仁」，以前在臺灣民間很
有名，多被大量外銷到日本，日本人稱為
「白手伊豆縮砂」，是製造仁丹(口味兒)的
主要原料，有芳香健胃之效。您曾吃過味香
微辣能提神的仁丹嗎？放幾顆月桃乾燥的種
子於口中嚼一嚼，那種辛辣的味道就跟仁丹
是一樣的呢！早期有許多商人更下鄉收購月
桃子，由此可知其經濟價值。

另外，月桃的葉鞘很長，也含有豐富的纖
維，將其曬乾後，可編織成涼席或容器(如置
物籃、盤、簍等)，而葉去中肋，把左右兩側
的葉片曬乾，再用手搓揉成繩子，有暫時捆
綁物品的功能，這些應用在昔日農家或原住
民生活中都常見，只可惜成品的耐候性差，
只適合室內使用，不過，我們也可從這裏看
出，月桃與傳統的民俗關係有多密切了。

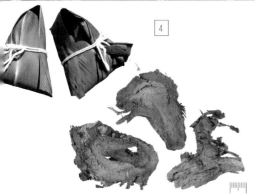

1.開花的月桃
2.月桃的果實甚富存萼
3.月桃的成熟果實開裂，可見露出的種子
4.以月桃葉包製成的粽子，對於糯米多了健胃
　除膩作用
5.月桃根藥材

(圖中尺規最小刻度 為0.1公分)　5

（本圖攝於大坑1號登山步道）

閉鞘薑

科　　名：	薑科 Zingiberaceae
學　　名：	*Costus speciosus* (Koenig) Smith
別　　名：	絹毛鳶尾、土地公拐、虎子花、水蕉花、廣東商陸。
辨識特徵：	草本，高1～2公尺，老枝常分枝。單葉互生，葉片披針形，基部近圓形，下表面密被絹毛。葉鞘筒狀，不開裂。穗狀花序密集頂生，長5～15公分，花白色。苞片卵形，每苞片有花1朵。花冠筒長約1公分，裂片長約5公分，唇瓣卵形，白色，中部橙黃色。雄蕊長約4.5公分，花瓣狀。蒴果長約1.3公分，胞背開裂。種子黑色。
分　　布：	臺灣中、南部郊野至低海拔山區。

解　說

從閉鞘薑這名字，相信大家早已將它與「薑」聯想在一起，這概念是正確的，因為它們都同時為「薑科」家族之一員，不過，閉鞘薑多見野生，喜歡陰涼濕潤的環境，形態上，較特殊的是它的莖常呈螺旋狀彎曲，葉亦隨之螺旋狀排列，所以，只要我們能掌握此特徵，辨識它並不難，而這種莖形乍看之下，宛如枴杖般，因此臺灣民間也有人稱之為「土地公拐」。

其入藥多採挖根莖，全年皆可，但以秋季為佳，需去淨鬚根，經洗淨、切片、曬乾後使用，藥材稱「樟柳頭」，味辛、酸，性微溫，能利水、消腫、拔毒、殺蟲，治水腫、小便不利、膀胱濕熱、淋濁、無名腫毒、麻疹不透、跌打扭傷等。現代藥理研究亦發現其所含皂苷元成分，對於大鼠角叉菜膠性、甲醛性足部急性炎症，具有抗炎作用，並能顯著抑制大鼠因巴豆油所引起的肉芽囊性炎症滲出及棉球肉芽囊之形成。

「樟柳頭」藥材在大陸廣東地區，多被充作「商陸」藥材(著名的峻下逐水藥)，因此，閉鞘薑亦名「廣東商陸」，而其花期集中於秋季，花色素白，中部帶黃色，看起來清雅極了，又其花冠形似「鳶尾花」，葉背密生絹毛，臺灣鄉間便稱它為「絹毛鳶尾」。值得注意的是其根莖入藥時，有墮胎的效用，孕婦應忌服，而脾胃虛弱者也不適用，另外，新鮮的根莖有毒性，過量食用有中毒之慮，產生如頭暈、嘔吐、劇烈下瀉等症狀，宜小心喔！

1 閉鞘薑的莖常呈螺旋狀彎曲，葉亦隨之螺旋狀排列
2 閉鞘薑的花冠特寫
3 結果的閉鞘薑
4 閉鞘薑的果穗特寫，本圖亦可見其扭裂的蒴果(箭頭處)
5 閉鞘薑的種子特寫

[圖中尺度最小刻度為0.1公分]

密花苧麻

（本圖攝於大坑1號登山步道）

科　　名：蕁麻科 Urticaceae

學　　名：*Boehmeria densiflora* Hook. & Arn.

別　　名：紅水柳、山水柳、水柳癀、水柳仔、蝦公鬚、木苧麻。

辨識特徵：常綠小灌木，高可達2公尺，全株密被短柔毛。單葉對生，有柄，葉片披針形或卵狀披針形，細鋸齒緣，兩面均粗糙，有毛，3出脈。托葉披針形。單性花，雌雄異株，花密生，呈穗狀，腋生。雄花被4裂，雄蕊4枚。雌花被先端作2～4淺裂，子房具長花柱。瘦果密被短柔毛，扁平狀。

分　　布：臺灣全境海拔1600公尺以下平野、山坡、河岸、陰濕及荒廢地。

解　說

大坑常見蕁麻科植物密花苧麻及長梗紫苧麻，其最大區別在於密花苧麻的葉對生，而長梗紫苧麻的葉則互生，故初學者可以「長互密對」作為辨識此二者之口訣。藥用方面，密花苧麻的根及莖味甘、澀，性平，藥材稱「紅水柳」、「山水柳」，為祛風良藥，能祛風止癢、利水調經，治風濕、黃疸、月經不調、皮膚搔癢、感冒、頭風痛、創傷等。葉煎水，洗滌亦可止癢。

「紅水柳」藥材常見於臺灣民間驗方中，列舉數例如下：(1)治感冒、產婦腰酸、月內風：紅水柳90公克，半酒水燉赤肉服。亦可搭配觀音串、紅骨蛇、益母草、哆哖頭等藥材使用。(2)治產婦口渴，代茶飲：荔枝殼、紅水柳各40公克，觀音串20公克，水煎服。(3)治感風、骨酸：紅水柳40公克，鈕仔茄、倒吊風(指錦葵科植物磨盤草的粗莖及根，或稱帽仔盾頭)、雞屎藤、土煙頭及王不留行各20公克，水煎服。

1.密花苧麻開花了
2.果實成熟的密花苧麻

火炭母草　　　　　　　　　　　　（本圖攝於大坑1號登山步道）

科　　名：蓼科 Polygonaceae

學　　名：_Polygonum chinense_ L.

別　　名：秤飯藤、冷飯藤、清飯藤、斑鳩飯。

辨識特徵：多年生草本植物，但有些蔓狀。單葉互生，有柄，葉片卵形或長橢圓形，葉面常有倒V字型之火炭印，全緣，紙質。托葉膜質鞘狀，包圍莖節部。花小，白色，花期時看似佈滿了粒粒白米飯，故有「冷飯藤」之稱，四季皆可開花。瘦果具三稜，熟時黑色。

分　　布：臺灣全境平地至中海拔之山地路旁濕潤地。

〔圖中尺規最小刻度為0.1公分〕

解　說

本植物的成熟果實可生食，民間常摘其果實與米飯共煮，煮成的米飯氣味清香甘甜，別具風味。藥用以根為主，味酸、甘、性平，藥材稱「秤飯藤頭」，能清熱利濕、涼血解毒、消炎通經，治虛熱頭痛、風熱咽痛、白喉、耳鳴、小兒驚搐、黃疸、瀉泄、痢疾、陰道炎、婦女白帶、少女月經不通、癰瘡腫毒、腰酸背痛、跌打等。而民間針對小兒發育不良（俗稱得猴），習慣取火炭母草的根，與雞或瘦肉合燉給孩子吃，效果良好。

另外，火炭母草的葉面常會出現倒V字型之火炭印，一般認為此火炭印會隨其組織pH值（酸鹼值）的降低，顏色更加明顯，也就是說它可作為環境品質評估之指標植物，其所處環境越污染，葉面的倒V字型火炭印也就越明顯。

1.火炭母草常見群生，果期並存
2.火炭母草的葉面常有倒V字型之火炭印，故名
3.市售秤飯藤頭藥材，即為火炭母草的老塊根
4.火炭母草為熱帶用材種學莖之一

1

串鼻龍

（本圖攝於大坑1號登山步道）

科　　名：毛茛科 Ranunculaceae

學　　名：*Clematis gouriana* Roxb. *ex* DC. subsp. *lishanensis* Yang & Huang

別　　名：梨山小蓑衣藤。

辨識特徵：藤本，莖被毛。一至二回三出複葉，對生，具長柄，小葉卵形、卵狀披針形或心形，葉緣呈掌狀分裂或疏粗齒裂。聚繖花序呈圓錐狀排列，腋出，花白色。花萼4片，長達1公分，線狀長橢圓形，外側被毛。雄蕊多數。心皮多數。瘦果先端被白色的長毛。

分　　布：臺灣全境平地至低、中海拔山區。

2

3

解 說

本植物常見於大坑風景區，它是民間傷
科重要的藥用植物，其藤莖味微苦，性
溫，能行氣活血、祛風除濕、止痛消腫，
治跌打損傷、瘀滯疼痛、風濕骨痛等。形
態上，其雖為蔓性草本植物，但它不具卷
鬚，而是利用葉柄纏繞他物。其果實很特
別，具有白色的長毛，如此的毛狀物更可
幫助其傳播繁衍。

1

樟樹

（本圖攝於大坑3號登山步道）

科　　名：樟科 Lauraceae
學　　名：*Cinnamomum camphora* (L.) Presl
別　　名：樟、樟仔、本樟、鳥樟、香樟、樟腦樹。
辨識特徵：常綠大喬木，幼樹樹皮光滑，成樹樹皮條狀裂，全株具有樟腦氣味。單葉互生，葉片闊卵形或橢圓形，全緣或微波緣，上表面深綠，下表面粉白，主脈3出。圓錐花序腋生。花被6片，黃綠色。雄蕊12枚，成4輪，第4輪退化。雌蕊子房卵形，光滑。漿果球形，直徑約0.7～1.1公分，熟時紫黑色。
分　　布：臺灣北部海拔1200公尺及南部1800公尺以下之山地。

解　說

臺灣曾是全球最著名的天然樟腦產地，但這也使得臺灣原本所蓄積的豐富樟樹資源，被大量砍伐殆盡，現在我們已很難能在山區看到天然的樟樹林了，雖然往日盛況已不再，但其遺跡仍可見，由於當時到山中砍伐樟樹的人（稱腦丁）所住的房舍稱「腦寮」，所以，在臺灣的某些地方，目前仍保有「樟寮」、「腦寮」的地名。而樟樹名稱之由來，依《本草綱目》解釋：「其木理多文章，故謂之樟」。

藥用方面，根、幹、枝及葉味辛，性溫，能通竅、殺蟲、止痛、止癢，提製樟腦，治心腹脹痛、牙痛、跌打、疥癬等。治急性胃腸炎，可取樟根、咸豐草、含殼仔草各20公克，水煎服。另外，將根、幹、枝切片，和葉子一起置入蒸餾器中蒸餾，其成分樟腦及揮發油會隨水蒸氣餾出，冷卻後，即得粗製樟腦，再經昇華可精製成藥用樟腦。樟腦為局部刺激藥，能止痛、通竅、殺蟲，常被用於製造相關產品，如防蚊液、傷科軟膏、醒腦的揮發油製劑等，而藥理研究也發現，樟腦有強心及興奮中樞神經的作用，塗於皮膚具溫和的刺激性，亦能防腐。

1. 盛花期的樟樹
2. 樟樹結果子
3. 樟樹的樹皮其有許多縱裂的紋理

1

土肉桂

(本圖攝於大坑3號登山步道)

科　　名：	樟科 Lauraceae
學　　名：	*Cinnamomum osmophloeum* Kaneh.
別　　名：	山肉桂、臺灣土玉桂、肉桂、假肉桂。

辨識特徵： 常綠中喬木，樹皮與葉均具肉桂之芳香氣味。單葉互生或近於對生，具葉柄，葉片卵形或卵狀長橢圓形，全緣，三出脈，表面呈光澤綠色，背面顏色較淡或略帶白粉狀。聚繖花序腋生，花少。花被呈漏斗形，先端6淺裂。雄蕊花絲光滑無毛。雌蕊花柱與子房亦無毛。核果橢圓形，長約1公分，直徑約0.5公分，常具部份宿存花被片，成熟後變紫黑色。

分　　布： 臺灣北、中部海拔400～1500公尺之原始闊葉樹林內。

解　說

本植物為臺灣特有種，其樹皮嚼之有辛辣的肉桂香味，可代替中藥「肉桂」。土肉桂外觀很像胡氏肉桂（*C. macrostemon* Hayata），但其頂芽無芽鱗及葉、樹皮均有濃郁肉桂味，可供鑑別。樹根可食，甘甜而略帶辛辣，早期鄒族人拿來當零食吃，阿美族則將其果實搭配檳榔嚼食。土肉桂所提煉的精油，可用於調配可樂（目前，主要以肉桂提煉為主）等飲料，而樹皮為五加皮酒主要原料之一。木材可供建築及製器具，樹皮能作線香。又植株常綠，樹形優美，常被當成造景樹種。

土肉桂又名假肉桂，大約於70年代，土肉桂就被認定是肉桂的代用品，商人曾採收其野生枝葉及樹皮外銷。80年代，國內學者研究發現土肉桂的枝葉及樹皮富含精油，尤其葉部的精油產量還比樹皮高出5倍，也就是只要採收土肉桂葉片供提煉精油即可，不必砍伐樹木或剝其樹皮。後將土肉桂油與中國大陸產的肉桂油比較，兩者化學成分相似，皆以肉桂醛及香豆素為主要成分，且土肉桂油中所含肉桂醛及香豆素的量更高。

但臺灣各地所產的土肉桂所含精油多寡，似乎有很大的差異，這也是目前農政單位積極針對土肉桂研究篩種的原因。藥用方面，根、樹皮、枝葉味辛，性溫，能祛寒鎮痛、強壯健胃，治胃寒疼痛、風濕痛、創傷出血、惡寒感冒等。

1.土肉桂結果了
2.土肉桂的葉明顯具有主脈3條
3.土肉桂的花序特寫
4.盛花期的土肉桂

華八仙　　　　　　　　　　　　　　　（本圖攝於大坑1號登山步道）

科　　名：虎耳草科 Saxifragaceae
學　　名：*Hydrangea chinensis* Maxim.
別　　名：本常山、土常山、長葉溲疏、粉團綉球。
辨識特徵：小灌木，幼枝暗紫色，全株光滑。單葉對生，具暗紫色短
　　　　　柄，葉片倒披針形或長橢圓形，近全緣或上部有稀疏小鋸
　　　　　齒，側脈5～7對。聚繖花序頂生，呈繖房狀排列；不孕性花
　　　　　具瓣狀花萼4片，倒卵圓形，全緣；兩性花具短梗，花萼倒
　　　　　圓錐狀鐘形，邊緣5淺裂。花瓣5片。雄蕊10枚。花柱3～4，
　　　　　宿存。蒴果近球形。種子無翅，具細條紋。
分　　布：臺灣全境平原、山麓至高海拔山區。

解　說

春天是百花競放的季節，此時要想看到滿山盛開的華八仙花，倒不是件難事，遠遠望去白、黃、綠諸色夾雜，令人有些眼花撩亂，更為它著迷，而那又大又白的瓣狀花萼，是它最吸引人們的部分，當春風徐徐吹來時，宛如蝴蝶般翩翩飛舞，彷彿在告訴人們春天的來臨呢！華八仙的「瓣狀花萼」常被誤認成花瓣，其實是由花萼變形而成的，這種構造存在整個花序外圍的無性花上，由於花序內的有性花之花瓣黃而小，只得利用瓣狀花萼的誇大表現，才能吸引周遭的昆蟲前來，以達成授粉繁衍的目的，這種情形也是自然界中蟲媒花植物常用的技倆之一。

臺灣民間習稱華八仙為「常山樹」，「常山」是中醫治療瘧疾、痰積的常用藥材，最早在《神農本草經》中載為「恆山」，後因避宋真宗諱而改作常山，書中另一藥材「蜀漆」，據《本草綱目》：「蜀漆乃常山苗，功用相同，今併為一」，也就是說，「常山」藥材是取根部，蜀漆則為地上部分，二者實屬同一植物，僅因藥用部位不同而異名。根據多數文獻指出，常山之正品應為黃常山（*Dichroa febrifuga* Lour.），亦為虎耳草科植物。

但臺灣不知從何時開始，即以華八仙的根及粗莖充作「常山」藥材使用，能利尿、解熱，治淋病、瘧疾等，而將枝葉當「蜀漆」應用，亦有解熱治瘧之效。除此，民間還用華八仙根(味辛、酸，性涼)治療跌打損傷、肺結核、頭痛、腹脹等，若外用可擦皮膚癢。以華八仙入藥的「常山」藥材，在臺灣中藥市場習稱「本常山」或「土常山」，即有本土產之意。

1 華八仙的果實可見花柱宿存
2 華八仙的花序胡爾目
3 華八仙的花蕾即將綻放
4 華八仙的葉柄呈暗紫色，為其鑑定之重要特點

相思樹

（本圖攝於大坑體能訓練場）

科　　名：豆科 Leguminosae

學　　名：*Acacia confusa* Merr.

別　　名：相思、相思仔、細葉相思樹。

辨識特徵：常綠喬木，樹皮幼時平滑，老則粗糙。幼苗著生羽狀複葉，及其長成，則全變為假葉。假葉互生，無柄，革質，葉片披針形而略作鐮刀狀彎曲，全緣。頭狀花序腋生，金黃色。花瓣4片，基部合生。雄蕊多數，挺出花外。花柱較雄蕊長。莢果5～9公分，扁平，兩端截形，內藏種子5～8粒。

分　　布：臺灣全境低海拔次森林及荒廢地常見。

(圖中尺規最小刻度為0.1公分)

解　說

大坑地區相思樹林最密者，要屬第1步道起點處之體能訓練場了，但該地區的相思樹常常樹幹呈黃粉色，並有真菌寄生其樹幹上，是很理想的生態觀察園地。相思樹原產於臺灣南部，木材質地堅硬且重，為良好的薪炭材，在《臺灣通史》裏曾載有：「相思樹葉如楊，木堅花黃，……，臺灣最多，近山皆種之，用以燒炭」，可見相思樹對於前人的日常生活有頗多貢獻，亦為主要的造林樹種之一。

每年到了春天，便是相思樹的花期，您會發現，原本翠綠的枝頭上一夕之間便掛滿了金黃色的小絨球，而這些可愛的小花不但將整個山頭點綴得熱鬧非凡，還能持續地陪您過完夏天喔！相思樹本身還有另一個特色，那就是我們所見到的狹長形葉子，其實那是由葉柄所變化成的「假葉」，目的是為了減少水分的散失，這就是為何相思樹不論在多麼乾旱貧瘠的地方都能生長的原因了！其木材尚可供製枕木、坑木及農具等。

藥用方面，嫩枝葉味澀，性平，藥材稱「相思仔心」，能行血散瘀、祛腐生肌，治跌打、毒蛇咬傷；外洗治爛瘡。樹皮可治跌打。

1.盛花期的相思樹
2.相思樹結果了
3.相思樹的莢果特寫
4.相思樹之羽狀複葉只出現在幼苗時期

1

降真香

（本圖攝於大坑5號登山步道）

科　　名：芸香科 Rutaceae

學　　名：*Acronychia pedunculata* (L.) Miq.

別　　名：山油柑、山柑、石苓舅、山塘梨、沙塘木。

辨識特徵：常綠小喬木。單葉對生，革質，具柄，柄先端具有關節，葉片橢圓形或橢圓狀倒卵形，全緣，葉肉具油腺。聚繖花序腋出，花黃白色，有芳香性，花梗細長。萼片、花瓣皆4片。雄蕊8枚，著生花盤上。子房4室，少數為3或5室。核果長0.5～1.5公分，長橢圓形，成熟時淡紅色。

分　　布：臺灣北部低海拔林內或海濱地區可見，中部以下少見。

解　說

本植物的保育等級目前被歸為易受害（vulnerable），而根據以往的觀察，專家學者們認為降真香在10年或3世代內，族群數量有減少超過20%的危險。其在臺灣主產於濱海地區，產地有金山、萬里、野柳、澳底、福隆等，中部則有少量分布，其產地有大肚山、九九峰、大坑等地，而大坑於5號步道接近1號與2號步道處可找到幾株。

本植物的果實圓形小巧，熟時黃白色，香甜可食，筆者們曾經嚐過，口感似柑桔類，只是體積較小，實在很難滿足野味老饕們的食慾，其果實內部尚有1粒堅硬的種子。枝葉則含有芳香油，可提煉成化妝品香料。藥用以心材為主，味甘，性平，氣香，能袪風除濕、活血止痛、行氣健脾、止咳平喘、消腫生肌，治感冒咳嗽、疝氣痛、食慾不振、消化不良、腹痛、刀傷出血、跌打腫痛等。葉的效用則與心材相同。

1 結果的降真香
2 降真香開花了

猿尾藤

（本圖攝於大坑1號登山步道）

科　　名：黃褥花科 Malpighiaceae

學　　名：*Hiptage benghalensis* (L.) Kurz

別　　名：風車藤、風車花、風箏果、紅龍、狗角藤、黃牛葉。

辨識特徵：常綠木質藤本，長達30公尺，莖具多數黃白色小皮孔。單葉
　　　　　對生，有柄，葉片長橢圓形或卵狀披針形，全緣。總狀花序
　　　　　頂生或腋出，長10～35公分。萼5深裂，基部有腺體。花瓣
　　　　　5片，黃白色，有爪，瓣緣細裂。雄蕊10枚，基部合生，其
　　　　　中1枚特長。子房3室。翅果熟時微紅色，具3枚大小不一的
　　　　　翅，中間翅較大。

分　　布：臺灣全境海拔1500公尺以下之叢林內。

解　說

本植物的花瓣排列看似童玩「風車」，故臺灣鄉間多稱其為風車藤、風車花。初學者不易辨識它，而其單葉之排列又往往讓人誤以為它的葉為羽狀複葉，只能多觀察以熟悉它。藥用方面，藤莖味澀、苦，性溫，能溫腎益氣、澀精止遺，治腎虛陽萎、遺精、尿頻、自汗、小兒盜汗、風寒濕痹等，民間多作壯陽藥應用。葉汁為有效之殺蟲劑，可外敷疥瘡。

1.結果的猿尾藤
2.猿尾藤的翅果特寫
3.猿尾藤的花
4.猿尾藤的單葉排列，往往讓人誤以為它的
　葉為羽狀複葉。

1

七日暈

（本圖攝於大坑2號登山步道）

科　　名： 大戟科 Euphorbiaceae

學　　名： *Breynia officinalis* Hemsl.

別　　名： 豎叢雞母珠、大本紅雞母珠、紅珠仔、紅薏仔、黑面神、黑面樹、鬼劃符、暗鬼木、四眼草。

辨識特徵： 多年生灌木，高1～3公尺，枝常呈紫紅色，小枝灰綠色，全株光滑。單葉互生，具短柄，葉片卵形或寬卵形，全緣，葉面脈紋淺色明顯。花極小，無花瓣，單生或2～4朵簇生，雌花位於小枝上部，雄花位於小枝下部，皆腋生，或雌雄花生於同一葉腋內，或分別生於不同小枝上。果實近球形，直徑約0.6公分，暗紅色，位於擴大的宿存萼上。

分　　布： 臺灣全境低海拔山坡疏林下或路旁灌木叢中。

解　說

七日暈常被視為有毒植物，傳說服用其根部會使人昏睡七天，故名「七日暈」，但臺灣原住民排灣族早期則取其樹皮包裹檳榔嚼食，充為嗜好品，另外，臺灣獼猴也將七日暈當成取食植物之一，而相關文獻亦少見有關七日暈的毒性報導，所以，七日暈是否應歸類為有毒植物，有待進一步釐清。

它喜歡生長於陽光充足、乾燥及溫暖的環境中，花期約於每年3～5月，但花極小，很不顯眼，待其果熟鮮紅，便變得相當美艷，適合作庭園觀賞樹種，至於其未結果前，也可觀賞其小巧的綠葉喔！有趣的是，常有人將其葉片誤判，因其葉互生，整齊排成2列，乍看之下形似「羽狀複葉」，其實它的葉子可是標準的「單葉」呢！再加上其有豎叢雞母珠(台語發音，「豎叢」意指該植物直立成長)、大本紅雞母珠等俗名，可能有人會誤以為它和相思(種子俗稱雞母珠)一樣，都是豆科植物，不過，它可是大戟科植物。

藥用方面，根及粗莖味苦、酸，性寒，能清熱解毒、活血化瘀、止痛止癢、抗過敏，治感冒、扁桃腺炎、支氣管炎、風濕性關節炎、急性腸胃炎等，本品煎煮後，色帶紅，無味，飲後會有昏睡現象，常被用於抗癌。枝葉煎汁或搗敷可治濕疹、過敏性皮膚炎。另外，與其同屬(*Breynia*)的植物，通常多有「黑面神」的別名，據古籍所載：黑面神，一名鍾馗草，言其葉黑也(指曬乾後)。又謂其：葉上有篆文如符，又名神符樹。又因古籍通常僅有文字無圖，或附圖簡潔，以致後人難於考察確認書籍中所載植物種類，致使相關同屬植物，凡形態相近者皆有相同之俗名，類似情況便是導致後來中藥材或植物有同名異物混淆問題的產生。

1.七日暈的果實成熟後也會變黑
2.七日暈的葉排列略成一平面

（本圖攝於大坑3號登山步道）

土密樹

科　　名：大戟科 Euphorbiaceae

學　　名：*Bridelia tomentosa* Blume

別　　名：土密、土蜜樹、夾骨木、逼迫子、補腦根。

辨識特徵：灌木或小喬木，樹皮平滑，小枝細長，被毛。單葉互生，具短柄，葉片長橢圓形，葉基與葉尖均呈鈍形，全緣，下表面有毛。單性花，雌雄異株，花黃綠色，腋出，簇生。萼片5，鑷合狀排列。花瓣5，較花萼為小。雄蕊5枚，基部合生。子房2室，花柱2枚，先端2歧。核果球形，直徑約0.6公分，成列生長於細枝上，初為綠色漸轉為黑色。

分　　布：以臺灣西南低海拔乾燥地帶為主。

解　說

土密樹是大坑風景區常見植物之一，它屬於耐旱、耐貧瘠的樹種，其木材可製農具柄及作薪柴用途。藥用方面，全株味淡、微苦，性平。根或根皮能清熱解毒、利尿解熱、安神調經，治癲狂、失眠、神經衰弱、癰瘡腫毒、腎虛、月經不調等，煎湯內服劑量9～30公克。莖及葉能清熱、敗毒，治狂犬咬傷、疔瘡，煎湯內服劑量15～60公克。鮮葉搗敷則治疔瘡腫毒。

土密樹屬（*Bridelia*）於臺灣僅見2種，另一為刺杜密（*B. balansae* Tutcher），兩者均散見於大坑各個步道，其區別在於：土密樹的葉先端鈍，短於6公分，莖未見刺；刺杜密的葉先端漸尖，長於6公分，莖散生小刺。而從分布區域來看，兩者皆為低海拔樹種，刺杜密於臺灣全境可見，而土密樹則較侷限於臺灣西南地區。

而刺杜密又稱刺土密、禾串樹、豬牙木、打炮子、大葉逼迫子等，其葉能化痰止咳，治支氣管炎，煎湯內服劑量3～9公克。

1.開花的土密樹
2.土密樹結果了
3.刺杜密為土密樹的近緣植物，其葉先端漸尖，也較卡。
4.刺杜密的莖散生小刺

1

血桐　　　　　　　　　　　　　　（本圖攝於大坑5號登山步道）

科　　名：大戟科 Euphorbiaceae
學　　名：*Macaranga tanarius* (L.) Muelll.-Arg.
別　　名：大冇樹、橙桐、流血樹、饅頭果。
辨識特徵：常綠喬木，全株密被柔毛。單葉互生，叢集枝稍，葉具長柄
　　　　　（幾乎與葉身等長），葉片是盾狀的心臟形大葉，葉緣呈波
　　　　　狀細鋸齒緣，掌狀脈約10條。單性花，雌雄異株，各花均藏
　　　　　在苞片內。苞片淡黃綠色，銳鋸齒緣，外被絨毛。雄花萼3
　　　　　片，雄蕊4～6枚。雌花萼為杯形，子房3室，花柱呈不整齊
　　　　　細裂。蒴果球形，外被腺毛，直徑約1公分。種子黑亮。
分　　布：臺灣全境濱海、平地至海拔1000公尺之山區相當普遍。

(圖中尺規最小刻度為0.1公分) 2

3

4

解　說

本植物於大坑地區相當常見，其辨識的最大特徵為葉呈盾狀，即其葉柄與葉片的接著點在葉背，使其葉看似古時作戰用的盾牌。其主要的花期於春季，葉間伸出為數頗多的大串花序，呈黃綠色。枝條青綠略帶粉白，將莖幹切傷，髓部會分泌出紅色如血的液體，故名，或別稱流血樹。

血桐為熱帶二期林的主要樹種，在充足的陽光下才能蓬勃的生長，一般在破壞不久的開闊地或崩壞地上生長，海岸亦有分佈，經常和林投、黃槿等組成海岸灌叢。其樹冠呈傘形，為夏日理想的乘涼蔽樹。由於血桐生長速度快，所以木材鬆散輕軟，可供建築及製造箱板用。早期農人也常採血桐葉充當家畜之飼料。藥用方面，全株味苦、澀，性平。樹皮可治痢疾。根能解熱、催吐，治咳血。

1 血桐的葉片呈盾狀，極易辨認。
2 血桐的莖部切片特寫，可明顯看到髓部所分泌出的紅色液體。
3 血桐的花均藏在苞片內
4 血桐的果實及黑色種子特寫

1

野梧桐

（本圖攝於大坑2號登山步道）

科　　名：大戟科 Euphorbiaceae

學　　名：*Mallotus japonicus* (Thunb.) Muell.-Arg.

別　　名：野桐、白葉仔、白肉白匏仔、楸、日本野桐。

辨識特徵：喬木，全株密被星狀絨毛，嫩葉與芽均呈紅褐色。單葉互生，葉具柄，葉片闊卵形或三角狀闊卵形，偶作3淺裂，上表面基部具腺體1對，下表面淡黃綠色，散生紅褐色腺點，主脈3條。單性花，雌雄異株，圓錐狀穗狀花序頂生。雄花疏生，花被3～4裂，雄蕊多數。雌花具短梗，稍密生，子房3室，花柱3～4裂。蒴果三角狀球形，密被軟刺及黃褐色腺體。種子3粒，扁球形，黑色。

分　　布：臺灣全境平地至海拔1000公尺山區。

解　說

本植物於大坑山區相當常見，有的野食老饕會採其芽及嫩葉，用鹽水浸泡一晝夜後，撈起，洗淨，炒食或煮食，也可直接醃漬成泡菜再吃。又其生長快速，適合推廣為河岸裸地水土保持或綠美化之樹種，而其嫩枝可當插花素材，果實可製紅色染料，木材因質輕亦可製木屐；燒製的木炭，名叫「白末」，易於燃燒，為製造線香之優良材料。

藥用方面，野梧桐之嫩枝葉經陰乾打粉，再與凡士林同煮，可製成「野桐膏」，為火燙傷之外用良藥。根味微苦、澀，性平，能清熱解毒、收斂止血，治消化不良、消化性潰瘍、外傷出血、慢性肝炎、脾腫大、帶下、中耳炎等。樹皮及枝葉則可敷治惡瘡，有拔膿生肌的作用。

1. 野梧桐為大坑常見植物之一
2. 野梧桐之雄花序
3. 野梧桐之雌花序
4. 結果的野梧桐

白匏子

（本圖攝於大坑2號登山步道）

科　　名：大戟科 Euphorbiaceae

學　　名：*Mallotus paniculatus* (Lam.) Muell.-Arg.

別　　名：白匏、白葉仔、白背葉、穗花山桐。

辨識特徵：落葉性喬木，嫩枝被有褐色星狀毛。單葉互生，具柄，葉片菱形(略近卵形)，全緣，常作1～3淺裂，下表面密佈白色星狀絨毛，掌狀脈，3條。單性花，雌雄同株或異株，穗狀花序頂生，呈圓錐狀排列。每苞內有雄花3～6朵，雄花有花被3～4片，裂片卵形，雄蕊多數；雌花每苞1朵，花被鐘形，不整齊5裂。蒴果球形，3室，外被短毛及柔軟長刺。

分　　布：臺灣全境山麓以至海拔1000公尺叢林內。

解 說

當您在爬大坑各步道時，若您隨著風吹而移動視覺，發現某棵樹飄動的葉片白成一遍，那您大概可研判它可能是「白匏子」。白匏子的木材可製木屐、器具及薪炭，而其葉片基部常可見螞蟻在爬行，因為白匏子的葉基有一對明顯突出的腺點，會分泌螞蟻喜歡的汁液，很特別。藥用方面，民間習慣取其根及莖入藥，味微苦、澀，性平，可治痢疾、中耳炎、陰挺(指子宮下垂)等。

1

扛香藤

（本圖攝於大坑1號登山步道）

科　　名：大戟科 Euphorbiaceae
學　　名：*Mallotus repandus* (Willd.) Muell.-Arg.
別　　名：桶鉤藤、桶交藤、鉤藤、扛藤、糞箕藤、石岩楓、倒掛茶、鹽酸藤。
辨識特徵：蔓性灌木，幼嫩部份被有星狀毛，小枝堅韌，常稍彎如鉤刺，故有「鉤藤」之別名。單葉具長柄，柄先端有明顯轉折，葉片三角狀卵形至橢圓形，全緣，脈掌狀，3條。總狀花序，花單性。雄花萼3～4裂，雄蕊多數。雌花萼5裂，子房3室。蒴果扁球形，密被黃褐色短絨毛。種子黑色，有光澤。
分　　布：臺灣全境低海拔地區，近海岸處叢林中常見。

解　說

扛香藤為著名臺灣民間藥「桶鉤藤」的來源植物，取粗莖及根入藥，味甘、微苦，性寒，能祛風除濕、活血通絡、解毒消腫、驅蟲止癢，治風濕疼痛、跌打損傷、癰腫瘡瘍、濕疹、頑癬等，一般認為桶鉤藤的止痛效果很好，為治療坐骨神經痛、筋骨酸痛的常用藥材之一。

桶鉤藤亦被公認為治療肝病的良藥，參考方例為桶鉤藤、葉下珠、甜珠草、木棉根各30公克，水煎服；有時也可搭配山苦瓜、五爪金英、六角英、白鳳菜、咸豐草、牛頓草、白鶴靈芝等常見藥草。另市售桶鉤藤藥材，可分為紅（根及藤的近根部）、白（藤的末梢）兩種，僅為入藥部位的不同藤段，應非來源植物的種類差異。

1 處於盛花期的扛香藤
2 扛香藤的小枝堅韌，常倒彎如狗刺，故有「鉤藤」之別名。
3 未開花的扛香藤
4 扛香藤的蒴果成熟開裂，露出黑色種子

大葉南蛇藤

（本圖攝於大坑3號登山步道）

科　　名：衛矛科 Celastraceae

學　　名：*Celastrus kusanoi* Hayata

別　　名：大本南蛇藤、大本穿山龍、大芽南蛇藤、圓葉南蛇藤、過山風、風藥。

辨識特徵：攀緣性灌木，小枝平滑或疏被毛，散佈皮孔。單葉互生，具柄，葉片紙質，近圓形或闊橢圓形，先端圓且具短突尖，不明顯鋸齒緣。花小形，多數，聚繖花序圓錐狀，腋生或頂生。萼片三角形，鈍頭。花瓣線狀披針形，長約0.4公分。蒴果球形，直徑0.8～1公分，熟時橘黃色。種子半月形，有微小的短橫紋或小窩點。

分　　布：臺灣中、南部海拔300～2500公尺森林中。

解　說

大葉南蛇藤幾乎於大坑各個步道皆可見，但量少。藥用方面，根味微甘，性平，能潤肺利咽、化痰止咳、活血解毒，治咽喉腫痛、勞嗽咳血、跌打損傷、黃疸、毒蛇咬傷等。治療初期肺結核，可取大葉南蛇藤根30公克，燉瘦豬肉服。莖則重於祛風除濕、活血止痛，為治療風濕痹痛、跌打損傷之常用藥材。

而屬名*Celastrus*乃由希臘文kelastros（一種常綠喬木）締造而成，意指其蒴果能經歷整個冬天都不掉落，就像常綠喬木之永不落葉，而種名為「具芽的」之意，故有「大芽南蛇藤」之別稱。另外，大葉南蛇藤的蒴果成熟後會裂成三瓣，露出橘色的假種皮（像龍眼、荔枝的果肉其實就是植物的假種皮），有光澤，但不可以吃喔！

1

無患子

（本圖攝於大坑2號登山步道）

科　　名：無患子科 Sapindaceae

學　　名：*Sapindus mukorossi* Gaertn.

別　　名：黃目樹、目浪樹、苦患樹、肥皂樹、洗手果、桂圓肥皂。

辨識特徵：落葉大喬木，高可達20公尺。偶數羽狀複葉，互生，小葉4～8對，小葉片披針形或鐮刀形，基部歪斜，全緣，上表面側脈顯著。雜性花，圓錐花序腋出或頂生，花小型。花瓣5片，白色或淡紫色，具緣毛，基部兩側各有小裂片1片。雄蕊8～10枚。花盤明顯。核果扁球形，直徑約2公分，熟時橙褐色。種子1粒，球形，黑色，堅硬，種臍周圍附有白色絨毛。

分　　布：臺灣全境海拔1000公尺以下闊葉樹林中。

解　說

本植物為著名之天然肥皂樹，其果皮含有豐富之皂素，可供洗濯衣物。由於無患子為落葉植物，每年入秋後，其葉色總會轉變成黃褐色，將大坑山區點綴出濃濃秋意，接著落葉後，也告知人們冬季的來臨。木材可製用具或造箱櫃。

藥用方面，根味苦，性涼，能清熱解毒、行氣止痛、宣肺止咳，治風熱感冒、咳嗽、哮喘、胃痛、尿濁、帶下、咽喉腫痛等。種子(稱黃目子)有小毒，能清熱、祛痰、消積、殺蟲，治白喉、咽喉腫痛、乳蛾、咳嗽、頓咳、食滯蟲積；外用治陰道滴蟲。樹皮能解毒、利咽、祛風、殺蟲，治白喉、疥癩、疔瘡。嫩枝葉可治頓咳；外用治蛇咬傷。花治眼瞼浮腫、眼痛等。

民間應用以根為主，方例如下：(1)治風熱感冒：無患子根15公克、桑葉9公克，水煎服。(2)治慢性胃炎：蒲公英18公克、無患子根15公克，水煎服。

1. 無患子結果子
2. 開花的無患子
3. 葉色轉變成黃褐色的無患子，為大坑山區帶來濃厚的秋意。
4. 無患子的葉為羽狀複葉
5. 聳立在十月2號登山步道旁的無患子

1

三葉葡萄

(本圖攝於大坑1號登山步道)

科　　名：葡萄科 Vitaceae

學　　名：*Tetrastigma dentatum* (Hayata) Li

別　　名：三葉毒葡萄、三葉山葡萄、三腳鼈、苗栗崖爬藤。

辨識特徵：多年生藤本，漸粗大的莖扁平形，具縱稜溝，枝圓柱形。葉具長柄，三出複葉，展開呈三角形，小葉具短柄，頂生小葉長橢圓狀披針形，側生小葉基部歪斜，不明顯疏鋸齒緣。聚繖花序腋生，花黃白色，密生。果實球形，直徑約1公分，熟時橙色。

分　　布：臺灣全境低至中海拔山區森林內或森林邊緣可見。

解　說

本植物在大坑風景區極為常見，其基本名*Vitis dentata* Hayata是由早田文藏(Hayata)於1911年所發表的，但此學名與*Vitis dentata* Link同名，且較晚發表，故為不合法名。早田文藏則於1915年再將本植物的學名重新擬定為*Vitis bioritsensis* Hayata，種名*bioritsense*是苗栗的日語拼音Bioritsu。1963年李惠林在其所著《臺灣木本植物誌》一書中將*Vitis dentata* Hayata直接移至崖爬藤屬，而將學名改為*Tetrastigma dentatum* (Hayata) Li，近年來，多數學者皆跟隨其使用，臺灣植物誌第2版亦同。但國內有學者認為*Vitis dentata* Hayata既為不合法名，就應捨棄，而採*Vitis bioritsensis* Hayata來修改為*Tetrastigma bioritsense* (Hayata) Hsu and Kuoh。

藥用方面，全草(稱三腳虌)味苦，性平，能利濕、消腫、祛瘀、解毒，治風濕關節痛、頸部淋巴結核、乳癰、小兒頭瘡、無名腫毒、皮膚病等。治小兒臭頭，可取三腳虌、臭茉莉、小本山葡萄、過路蜈蚣各20公克，酒水各半燉瘦肉服(民間驗方)。

（本圖攝於大坑3號登山步道）

大頭茶

科　名：山茶科 Theaceae

學　名：<i>Gordonia axillaris</i> (Roxb.) Dietr.

別　名：山茶花、山茶、花東青、大山皮。

辨識特徵：常綠喬木，樹皮暗褐色，光滑，嫩枝被毛。單葉互生，具柄，葉片長橢圓形或倒披針形，葉尖圓形，有時先端微凹，葉緣上半部為波狀鈍鋸齒狀，下半部全緣，厚革質。花幾乎無梗，1～2朵腋生，或近乎頂生。花萼5片，大小不一。花瓣5片，先端凹缺，邊緣皺縮。雄蕊多數。子房5室。蒴果長橢圓形，成熟後木質化，胞背開裂。種子扁平，先端有翅。

分　布：臺灣全境山麓至低海拔再生林地或荒廢地常見。

解　說

本植物的生長耐貧瘠，為大坑地區常見植物之一，其為常綠喬木，適合庭園栽植供觀賞用。而大頭茶之名，乃因其花朵大小（直徑約8公分），在臺灣自生山茶科植物中，堪稱最大，故名。又木材質緻密，且通直，為良好的建築用材，也能當薪柴。又因耐腐力強，也可選作坑道用材。而其樹皮富含鞣質(Tannin)成分，亦可供染料之用。

花期多於秋、冬之際，仔細觀察，您將可發現其花朵的基部外圍有許多覆瓦狀排列的苞片，這是山茶科植物的重要特徵之一。藥用方面，其莖皮味辛，性溫，能活絡止痛，治風濕腰痛、跌打損傷等。果實味辛、澀，性溫，能溫中止瀉，治虛寒泄瀉。根則能收斂、止血、調經，治痢疾、胃痛、關節炎等。

（圖中星規最小刻度為1公分）

4

1.大頭茶結果了
2.大頭茶開花時，花大醒眼，可清晰觀察到「雄蕊多數」的特徵。
3.大頭茶的果實成熟開裂
4.大頭茶的種子特寫

魯花樹　　　　　　　　　　　　　　　（本圖攝於大坑2號登山步道）

科　　名：大風子科 Flacourtiaceae

學　　名：*Scolopia oldhamii* Hance

別　　名：紅的牛港刺、俄氏莿柊、有刺赤蘭、臺灣刺柊。

辨識特徵：常綠喬木，枝條光滑，常生有短刺。單葉互生，具短柄，葉
　　　　　片倒卵形或倒披針形，先端呈鈍形或微凹，葉緣為疏鋸齒
　　　　　緣，上下表面側脈均凸起。總狀花序腋生或頂生，花徑約
　　　　　0.6公分。萼片與花瓣各為5～6片，淡黃色。雄蕊多數。漿
　　　　　果球形，成熟時為黑紅色，內藏種子4～5粒。

分　　布：臺灣全境平地山麓，最高可達400公尺處，常見於海岸至低
　　　　　海拔地區。

解　說

本植物帶刺，野外觀察時宜小心以免刺傷，它於海濱地區亦常見，為優良的海岸防風定砂植物。木材質堅重，可製成各種小器具，因耐燃，為良好薪炭材之一。由於樹形優美，樹冠細緻，又耐乾旱、抗風，目前也被栽植作為庭園景觀植物。果實可供野鳥食用，可作鳥餌植物。

近來，鼠李科植物馬甲子【*Paliurus ramosissimus* (Lour.) Poir.】為熱門保健植物，俗稱「牛港刺」，主要取其根及粗莖入藥，味苦，性平，能祛風濕、散瘀血、止痛、解毒、消腫，治感冒發熱、咽喉疼痛、牙痛、牙齦炎、齒齦腫痛、肺癰、心腹痛、胃痛、風濕痛、跌打損傷、腸風下血等。

而魯花樹則別稱「紅的牛港刺」，一般認為其能代替馬甲子入藥，尤其應用於祛風除濕，效果不亞於馬甲子，對於風濕疼痛，可取魯花樹之粗莖及根（稱魯花樹頭）浸酒，內服外擦；而牙齦炎，可取魯花樹頭、山芙蓉各30公克，水煎服。

1 盛開花的魯花樹
2 結果的魯花樹
3 魯花樹為帶刺的植物，野外觀察時宜小心以免刺傷
4 魯花樹的幼枝及嫩梢，初期帶紅色

拘那

（本圖攝於大坑2號登山步道）

科　　名：千屈菜科 Lythraceae

學　　名：_Lagerstroemia subcostata_ Koehne

別　　名：拘那花、九芎、猴不爬、小果紫薇、南紫薇、苞飯花、馬鈴花。

辨識特徵：落葉大喬木，樹皮棕褐色，光滑，嫩枝、葉及花序均被絨毛。單葉互生或近對生，具短柄，葉片長橢圓形或卵形，全緣。圓錐花序頂生，花密生。苞片小形，著生於小梗基部。花萼鐘形，5～6裂。花瓣6片，白色，不規則波狀緣。雄蕊多數，其中5～6枚較長。蒴果長橢圓形，胞背開裂。種子小型，上端有狹翼。

分　　布：臺灣全境平地至海拔1600公尺山區。

解　說

本植物的樹皮薄，且經常換皮，常見樹幹
光禿，人們戲稱連爬樹高手猴子都難以攀
爬，故有猴不爬、猴難爬等別名。木材可
供建築、枕木、薪炭及農具用。花多數而
具觀賞性，常被栽植作庭園景觀植物。藥
用方面，花或根味淡、微苦，性寒，能解
毒、散瘀、截瘧，治癰瘡腫毒、瘧疾、腹
痛、毒蛇咬傷、鶴膝風等。嫩芽可搗敷蛇
傷或創傷。治瘧疾方例如下：九芎根15公
克，水煎服。

1.枸邢開花
2.枸邢的樹幹經常是光禿的
3.枸邢的葉單闊變了

1

野牡丹

（本圖攝於大坑1號登山步道）

科　　名：野牡丹科 Melastomataceae

學　　名：*Melastoma candidum* D. Don

別　　名：金石榴、金榭榴、山石榴、野石榴、埔筆仔、九螺仔花、狗力仔頭、（王）不留行。

辨識特徵：常綠小灌木，高可達3公尺，莖鈍四稜形或近圓柱形，全株密被毛。單葉對生，有柄，葉片卵形或廣卵形，全緣，兩面皆被毛，基出脈5～7條。聚繖花序頂生，由3～7朵花組成。萼筒壺形，先端5裂。花瓣粉紅色，倒卵形，先端圓形。雄蕊2型，5長5短。蒴果壺形，密被毛，種子鑲於肉質胎座內。

分　　布：臺灣全境低海拔地區易見。

（圖中尺規最小刻度為0.1公分）

解　說

野牡丹素有「野地裏的牡丹花」之稱，因為盛花期的它，紫紅色的大形花朵盛放於枝頭，極易引起人們的注意，那是一種充滿自信及美艷的感覺，大坑各個步道都有機會遇見它。

藥用方面，根及粗莖味苦、澀，性平，臺灣民間習稱「王不留行」，是常用之婦人通乳劑，能健脾利濕、活血止血、通經下乳、消炎去傷，治消化不良、食積腹痛、瀉痢、便血、流鼻血、月經不調、乳汁不通、風濕痺痛、頭痛、跌打損傷等。而一般中醫師常用中藥材王不留行，乃石竹科植物麥藍菜【*Vaccaria segetalis* (Neck.) Garcke】之成熟種子，其於《神農本草經》早已記載。而此處所談野牡丹之根及粗莖亦名「王不留行」，則屬臺灣地區之民間藥，名稱相同可能與其民間之應用藥效相近有關。兩者宜區別，切勿混淆。

方例如下：(1)治風濕、骨折：王不留行、橄欖根、牛乳埔、椿根、埔鹽各20公克，半酒水，燉赤肉或雞服。(2)治婦女月經1～2年不通：王不留行、鴨舌癀各40公克，水煎汁，再加當歸10公克，燉烏雞服。(3)治肺癰：王不留行、抹草頭各40公克，水煎，或燉赤肉服。(4)治肺積水：王不留行、有骨消根各40公克，燉赤肉服。(5)治男性不孕症：王不留行、羅芙木、大葉千斤拔、白粗糠、白射榴各30公克，燉雞服。

臺灣山桂花

（本圖攝於大坑1號登山步道）

科　　名：紫金牛科 Myrsinaceae

學　　名：*Maesa perlaria* (Lour.) Merr. var. *formosana* (Mez) Yang

別　　名：九切茶、山桂花、六角草、烏樹仔、鯽魚膽。

辨識特徵：常綠灌木，高1～3公尺，枝條纖細，全株光滑。單葉互生，具柄，葉片橢圓狀卵形，波狀粗鋸齒緣。總狀至圓錐花序，腋生，花白色。花萼5裂，裂片闊卵形。花冠闊鐘形，亦5裂，裂片外捲。雄花具退化子房。雌花具退化雄蕊，子房下位，柱頭3歧。漿果球形，直徑約0.4公分，具不明顯條紋，花柱宿存。

分　　布：臺灣全境低至高海拔山區。

解　說

本植物喜歡生長於半遮蔭的步道旁，它無獨特的特徵，不易辨識，初學者只能多觀察以熟悉它，其成熟果實可作野果品嚐，其性強健、粗放，耐旱也耐濕、耐陰、抗瘠，適於綠籬、水土保持或庭園美化。當它開花時，小花色白，以密集方式排列，乍看之下會讓人誤以為桂花開花了，故名「山桂花」。

藥用以根為主，味苦，性平，為治療赤痢常用藥材。鮮葉能接骨消腫、去腐生肌，可直接搗敷疔瘡、跌打或刀傷。

1

軟毛柿

（本圖攝於大坑2號登山步道）

科　　名：柿樹科 Ebenaceae

學　　名：*Diospyros eriantha* Champ. *ex* Benth.

別　　名：烏材(仔)、烏材柿、烏柿、柿。

辨識特徵：常綠喬木，高可達10公尺，全株被黃褐色軟毛，芽及嫩葉被白毛。單葉互生，具短柄，葉片橢圓形或橢圓狀披針形，側脈4～6對，上表面深綠色，光滑，下表面淡綠色，主脈及側脈凸起，密被褐色軟毛。單性花，腋出，單立。花萼深4裂，被長毛。花冠4裂，亦被長毛。雄蕊之花藥及花絲密被長毛。雌花子房4室，花柱棒狀。漿果卵狀長橢圓形，熟時黃褐色。

分　　布：臺灣全境低海拔山區。

解　說

本植物因其樹幹較其他植物色黑，故有烏材(仔)、烏材柿、烏柿等別稱，更有人戲稱它為植物界的「包黑子」(指樹皮顏色像包青天的黑臉般)。其木材可作薪材或製農具。藥用方面，根皮或果實味甘、澀，性平，可治風濕、疝氣、心氣痛等。葉專敷創傷。目前，軟毛柿亦被栽植供觀賞用途。

1 結果的軟毛柿
2 軟毛柿開花了
3 軟毛柿的樹幹(圖右)崇明顯較其他植物的樹幹色黑

1

（本圖攝於大坑2號登山步道）

紅皮

科　　名：安息香科 Styracaceae

學　　名：_Styrax suberifolia_ Hook. & Arn.

別　　名：赤血仔樹、赤尾仔、葉下白、栓葉安息香

辨識特徵：常綠喬木，幼嫩部分被星狀絨毛，樹皮之內皮呈鮮紅色。單葉互生，具柄，葉片長橢圓形，全緣，側脈6～8對，下表面密被灰白色細毛及星狀毛。總狀花序腋生，較葉為短，花8～12朵，白色。花萼鐘形，外披星狀絨毛。雄蕊8～10枚，花絲著生於花冠筒。蒴果近球形，直徑約1公分，基部具宿存萼。

分　　布：臺灣全境低海拔地區常見。

解　說

本植物因樹皮之內皮呈鮮紅色，故名。木材可作薪炭及製作器具。藥用方面，根及葉味辛，性微溫，能袪風除濕、理氣止痛，治風濕關節痛、腸胃脹痛等，煎湯內服劑量為3～9公克。有趣的是生長於大坑地區的紅皮，常見許多蟲癭，對於不熟悉它的人，可能會誤以為它正在開花或結果呢！而辨識它的最大特徵即其葉背呈粉白色。

1.即將開花的紅皮
2.葉背呈粉白色是鑑定紅皮的最大特徵
3.大坑地區的紅皮常見許多蟲癭(箭頭處)

[1]

白蒲姜

（本圖攝於大坑1號登山步道）

科　　名：馬錢科 Loganiaceae
學　　名：*Buddleja asiatica* Lour.
別　　名：駁骨丹、山埔姜、海揚波、揚波、水楊柳、臺灣醉魚草。
辨識特徵：直立灌木，具多數枝條，小枝常呈四方形，全株被白色毛。
　　　　　單葉對生，葉片披針形，紙質，全緣或疏鋸齒緣，葉背粉
　　　　　白。花小，多數，白色，穗狀花序排列呈圓錐狀，頂生或腋
　　　　　生。花萼4裂。花冠筒狀，先端淺4裂。雄蕊4枚，著生於花
　　　　　冠筒上，無花絲。子房長卵形，光滑無毛，2室，每室胚珠
　　　　　多數。蒴果卵形，熟時胞間開裂。種子多數，微小，有翅。
分　　布：臺灣全島中、低海拔山麓，河床向陽地區或斷崖及貧瘠地區。

解　說

本植物最常出現於新崩塌地、河床沖積地等陽光充分照射地區，抗旱性強，是這些地方的先驅植物，也是優良的水土保持植物。白蒲姜全株有毒，民間有作毒魚用，故有「臺灣醉魚草」之別稱。

藥用方面，根及枝葉味苦、微辛，性溫，有小毒，能祛風利濕、行氣活血、清熱解毒、理氣止痛、舒筋活絡，治風濕關節痛、風寒發熱、頭身酸痛、脾濕腹脹、痢疾、丹毒、跌打、皮膚病、婦女產後頭風痛、胃寒作痛、骨折等；外洗治皮膚濕疹、皮膚癢、無名腫毒。

一般青草藥店多取枝葉應用，藥材稱「揚波」（或洋波），為皮膚科常用藥，主治皮膚癢、蕁麻疹、風疹、濕疹等皮膚病，均外用。著名方例為三波玉瓊湯，其組成為鮮揚波、鮮刺波、鮮蛇波各40公克，另加乾茶葉一把，食鹽少許，明礬12公克。煮水一大杯，作浴湯料，泡浸良久，後擦乾，免用清水沖洗。凡皮膚濕爛而癢漿出者，浴後擦乾，再用爽身粉撲，濕則再撲，待結痂，痂落自癒。

1.開花的白蒲姜
2.白蒲姜的葉對生
3.白蒲姜結果了

白英　　　　　　　　　　　　　（本圖攝於大坑2號登山步道）

科　　名：	茄科 Solanaceae
學　　名：	*Solanum lyratum* Thunb.
別　　名：	白毛藤、鈕仔癀、柳仔癀、鬼目草。
辨識特徵：	蔓性草本，莖纖細，全株被柔毛。單葉互生，具柄，葉片提琴形或長橢圓卵形，先端銳形，基部心形，葉緣3～5裂。二出聚繖花序，總花梗與葉對生，花多數。花萼淺5裂，裂片基部具2紫斑。花冠深5裂，白色。雄蕊5枚，轃合。漿果直徑約1公分，成熟時紅色。
分　　布：	臺灣全境低海拔地區可見。

解　說

本植物為著名的抗癌藥草，如：肺癌、胃
癌、腸道癌等皆有使用，通常取全草（或
地上部分）入藥，藥材稱「白毛藤」，味
甘、苦，性寒，能清熱解毒、祛風利濕、
活血化瘀，治濕熱黃疸、風濕痛、帶下、
水腫、淋症、丹毒、疔瘡等。果實稱「鬼
目」，能明目，治目赤、牙痛等。

2

1

同蕊草

(本圖攝於大坑1號登山步道入口道路旁)

科　　名：苦苣苔科 Gesneriaceae

學　　名：*Rhynchotechum discolor* (Maxim.) Burtt

別　　名：珍珠癀、白珍珠、爛糟。

辨識特徵：多年生亞灌木，莖基部橫臥，上部斜上或直立，幼株密被黃
褐色綿毛，漸脫毛。單葉互生，具柄，葉片倒卵形或倒卵狀
披針形，細鋸齒緣，葉背明顯灰褐色。聚繖花序多腋生，花
序軸長，花小，多數。花萼5深裂，裂片線形，被粗毛。花
冠白色，鐘形，先端5裂，裂片近圓形。雄蕊4枚，退化雄蕊
1枚。果實球形，熟時白色，透明樣，漿質。

分　　布：臺灣全境海拔500～1500公尺間之陰濕地陡壁上或路旁斜壁
草叢中。

解　說

本植物果實成熟時，白色透明樣如珍珠，
故有珍珠癀、白珍珠的俗稱，其藥用價值
於大陸文獻未見記載，而臺灣民間習稱
其為珍珠癀，意指其具有消炎、退癀的作
用，台中太平地區則稱它為「爛糟」（台
語）。臺灣民間應用以全草入藥，能清熱、
利尿、解毒、鎮靜，治糖尿病、尿毒症、
咳嗽、失眠、甲狀腺腫大等，其中治療失
眠，可與野薑花的花(陰乾)配伍使用。

1.同芯草常生於陰濕地註壁上
2.同芯草的成熟果實呈色白透明樣如珍珠，故
　有珍珠癀、白珍珠的俗稱
3.同芯草開花了
4.同芯草的葉背明顯灰褐色
5.同芯草的莖基部橫臥，上茶向斜上或直
　立

1

山黃梔

（本圖攝於大坑3號登山步道）

科　　名：茜草科 Rubiaceae

學　　名：*Gardenia jasminoides* Ellis

別　　名：梔、山黃枝、山梔、黃梔子、枝子、恆春梔。

辨識特徵：常綠灌木或小喬木，小枝被短柔毛。單葉對生，葉片長橢圓
形，全緣。托葉膜質，基部包合成鞘。花大型，單生，頂生
或腋生，白色。花萼5～8裂，裂片線形，宿存。花冠鐘形，
單瓣左旋，裂片5～8。雄蕊突出，花藥線形。花柱突出，柱
頭頭狀。果實橢圓形，具稜，花萼宿存，熟時橙紅色。種子
多數，含於肉質胎座內。

分　　布：臺灣全境山麓至低海拔山野闊葉林內。

解　說

山黃梔是相當高級的香花植物，花香濃郁而不膩，其盛花期於3～6月，在鄉下農田間，常可見農人種植它作為圍籬。其命名乃因果實外觀酷似古代酒杯，而「卮」字為酒杯之象形字，故將「卮」字加木字旁為「梔」。

藥用以果實為主，味苦，性寒，藥材稱「梔子」，為中醫師常用藥材之一，是重要的利膽劑，能清熱瀉火、涼血止血、利尿解熱、散瘀、鎮靜，治熱病高燒、心煩不眠、實火牙痛、口舌生瘡、流鼻血、吐血、目赤腫痛、瘡瘍腫毒、黃疸、痢疾、腎炎水腫、尿血、糖尿病、胃熱、頭痛、疝氣；外用治外傷出血、扭挫傷、火燙傷。粗莖及根則屬臺灣民間藥，藥材稱「枝子根」，能清熱、涼血、解毒，治風火牙痛、黃疸、吐血、淋症、癰瘡腫痛、高熱、痢疾、腎炎水腫、乳腺炎等。

臨床參考方例如下：(1)退三焦火，治牙痛：梔子、元參各20公克，水煎服。(2)治黃疸、肝炎：枝子根75公克，燉雞服。(3)治齒齦炎腫痛：枝子根30公克，萬點金、豨薟草、咸豐草各20公克，雙面刺12公克，水煎服。

1.開花的山黃梔
2.山黃梔結果了
3.山黃梔的果實外觀酷似古代酒杯
4.梔子為中醫師常用藥材，通常習慣去果皮使用。

玉葉金花

科　　名：茜草科 Rubiaceae

學　　名：*Mussaenda parviflora* Matsum.

別　　名：紅心穿山龍、白甘草、山甘草、涼口茶、生肌藤、黏滴（草）。

辨識特徵：常綠藤本，枝條疏被毛。單葉對生，具柄，葉片卵狀橢圓形或長橢圓形，全緣。托葉線形，2深裂（呈2叉狀）。繖房狀聚繖花序，頂生。花萼鐘形，5裂，裂片線形；葉狀萼片卵圓形，黃白色。花冠漏斗形，黃色，5裂，裂片平展。漿果橢圓形。

分　　布：臺灣中、北部闊葉樹林下較多見。

2

3

4

解　說

看了圖中的植物，再搭配上「玉葉金花」這樣的名字，大家是否覺得真是「花如其名」呢？「金花」指其花冠為金黃色的，但「玉葉」既不是葉子，也不是花瓣，而是由花萼增大變成的葉狀萼片，又大又白，目的就是要吸引昆蟲來為它進行傳粉，以繁衍後代呢！

本植物於大坑山區常見，花期約於5～9月，其未開花前主要辨識特徵為托葉呈2叉狀(可與同科近緣植物雞屎藤托葉三角形區分)。臺灣民間取其根及粗莖入藥，味甘、淡，性涼，藥材稱「黏滴(草)」(或山甘草)，主要作為消炎、解毒藥，對於傷口的發炎，可單味水煎服，若與青殼鴨卵半酒水煎服，可治疔瘡。市售青草茶中，有的也加入本藥材，謂其能利濕、消暑。或有人取玉葉金花的鮮葉，搗爛外敷腫毒，而早期的臺灣原住民，則以其根煎服，來治療瘧疾。

1.玉葉金花的白色葉狀萼片為其花期的最大特徵
2.玉葉金花的名稱是由其花特色而來
3.玉葉金花的半果
4.玉葉金花的托葉(箭頭處)呈2叉狀，為其辨識之重要特徵

1

雞屎藤

（本圖攝於大坑1號登山步道）

科　　名：茜草科 Rubiaceae

學　　名：_Paederia foetida_ L.

別　　名：牛皮凍、紅骨蛇、五德藤、雞香藤、臭藤、白雞屎藤。

辨識特徵：草質藤本，莖纖細，纏繞性，全株光滑，具特殊氣味（需將莖葉揉爛才可嗅得）。單葉對生，具柄，葉片披針形或卵形，全緣。托葉三角形，對生，與葉互成十字對生。二至三回分歧圓錐狀聚繖花序，腋生或頂生。花冠筒白色，密被柔毛，內面紫色，被長絨毛。雄蕊5枚，下端和冠筒合生，上端分離。核果球形，直徑約0.5公分，具光澤。

分　　布：臺灣全境低至中海拔地區。

解　說

走在大坑風景區若您仔細觀察，常可見雞屎藤的蹤跡，「雞屎藤」是個很具鄉土味的名稱，正如其名，它的氣味似雞屎，亦稱「臭藤」。不過，可不是採摘葉片就能直接聞到它的雞屎味，而是要用手搓揉葉片後，才能嗅得其味喔！它可當蜜源植物，也是水土保持的植物，綠廊美化亦可。

它為纏繞性草質藤本，常見攀爬於籬笆或欄杆上，早期醫療資源尚不足時，農家都視其為治療感冒久咳的靈驗藥草，全年可採，習慣取根及粗大的莖切段曬乾，藥材名為「五德藤」，味甘、酸、微苦，性平，能鎮咳收斂、祛風活血、消食導滯、止痛解毒、除濕消腫，還可治風濕疼痛、跌打損傷、無名腫毒、痢疾、腹痛、氣虛浮腫、肝脾腫大、腎臟疾病、腸癰、月內風、氣鬱胸悶、頭昏食少等。

而《植物名實圖考》中，亦載有「雞矢藤」，但依其附圖所繪，該植物的葉為互生，與雞屎藤的葉對生不符，應為不同植物，倒是該書所載的「牛皮凍」才是雞屎藤，其附圖中的植物不僅葉對生，連托葉和葉兩者互成十字對生的情形，都描繪得十分清楚，可見其為典型的茜草科植物無誤。

雞屎藤的使用，除了乾品藥材之外，也可取嫩葉煎蛋服用，或與排骨、粉腸煮湯，口味皆佳，藥效亦同，是一種極為方便的食療法。而雞屎藤還有一同屬的近親植物「毛雞屎藤」（P. cavaleriei H. Lév.），多生長於低海拔闊葉林中，外形與雞屎藤酷似，惟全株被滿了柔毛，且其「雞屎味」更濃，野外不難發現，兩者通常混採混用，大坑路旁或步道亦常見。

1.雞屎藤的花冠像個小鈴鐺，很可愛。
2.雞屎藤的果實其光澤。
3.雞屎藤的托葉呈三角形(箭頭處)，對生，並與莖互成十字對生。
4.毛雞屎藤為雞屎藤的近親植物。

①

九節木

（本圖攝於大坑1號登山步道）

科　　名：	茜草科 Rubiaceae

科　　名：茜草科 Rubiaceae

學　　名：*Psychotria rubra* (Lour.) Poir.

別　　名：山大刀、山大顏、牛屎烏、青龍吐霧、厚肉仔、刀傷木、散血丹。

辨識特徵：常綠灌木，全株光滑。單葉對生，具柄，葉片長橢圓形或倒披針狀長橢圓形，基部漸狹，先端銳或突尖，全緣。托葉膜質，闊卵形，常與葉柄連生。聚繖花序頂生，呈圓錐狀，花多數。花冠漏斗形，白色，5裂。雄蕊5枚，與花冠裂片互生。核果近球形，成熟時紅色。種子背面有縱溝。

分　　布：臺灣全境闊葉樹林內。

解　說

本植物主要以根及粗莖入藥，味苦，性
寒，能清熱解毒、祛風除濕、消腫拔毒，
治感冒發熱、咽喉腫痛、風濕痛、胃痛、
瘧疾、跌打損傷、瘡瘍腫毒、痔瘡等，尤
其是跌打損傷所致傷處腫脹現象，取本品
煎服兼外敷，效佳。另外，對於風火牙
痛，可單獨取其鮮根30公克，搗爛，沖溫
開水取汁含漱。藥理研究也發現本植物所
含成分九節素(Psychorubrin)，對體外培
養之人的鼻咽癌細胞具有顯著細胞毒性。

1.九節木為大坑常見植物之
2.九節木的托葉(箭頭處)脫落，萌發新植進
　生。
3.九節木開花
4.九節木的成熟果實呈鮮紅色

1

茅瓜

（本圖攝於大坑2號登山步道）

科　　名：瓜科 Cucurbitaceae

學　　名：*Solena amplexicaulis* (Lam.) Gandhi

別　　名：老鼠瓜、老鼠冬瓜、地苦膽、天山瓜、狗屎瓜、變葉馬㼎兒。

辨識特徵：攀緣性草質藤本，卷鬚單一。單葉互生，葉形多變，由箭狀三角形至心狀長橢圓形，通常3～7裂，裂片寬窄變化也很大，背面白色。花黃綠色，單性花。花萼5，細小。花冠壺形。雄花具3枚雄蕊。雌花單生，子房下位。果實長橢圓球形，熟時紅色。

分　　布：臺灣全境平野至低海拔山麓。

解　說

本植物葉形多變，初學者在野外實難辨
識，但可掌握2訣竅：(1)葉背白色；(2)葉
形多少呈戟形，將有助於對它的辨識。

藥用以根為主，味甘、淡，性平，有「小
天花」之稱(與中藥天花粉相混用，但藥材
外形較小，故名)，能清熱化痰、養胃生
津、散結消腫、解毒止痛，治熱病口渴、
肺熱咳嗽、喉嚨發炎、尿道炎、風濕痹
痛、癰腫惡瘡等。

1.茅瓜的成熟果實
2.茅瓜的葉形多變，增加了辨識的難度
3.茅瓜結果

大花咸豐草　　　　　　　　　（本圖攝於大坑2號登山步道）

科　　名：菊科 Compositae

學　　名：*Bidens pilosa* L. var. *radiata* Sch. Bip.

別　　名：大白花鬼針、恰查某。

辨識特徵：多年生直立草本，莖近方形，具縱稜。二回羽狀裂葉，對生，小葉卵形或卵狀披針形。頭狀花序腋生或頂生，呈繖房狀排列，外圍舌狀花5～8枚，白色，多長於1公分；中央管狀花多數，黃色。瘦果呈披針形，多數，4稜，具3～4枚逆刺。

分　　布：臺灣全境低海拔極為常見。

解　說

本植物於西元1984年首次被報導為生長於臺灣的新紀錄品種，但現今臺灣全境低海拔地區隨處可見其蹤影，並有逐漸向中海拔山區擴張的趨勢，在很多地區它甚至已經取代了較早移居臺灣的同屬近緣植物咸豐草【B. pilosa L. var. minor (Blume) Sherff】，目前，大坑風景區也多見大花咸豐草，而少見咸豐草。

而這種極具侵略性的雜草會來到臺灣，與養蜂人家有很深的關係，早期蜂農因見其能全年開花，且花粉的產量大，才將它自琉球引入臺灣當蜜源植物。至於大花咸豐草之所以能如此強勢，主要是其多年生的特性，即使在冬天其枝葉仍然茂密，而咸豐草卻多僅為一年生，通常於冬天會枯死，種子於來春必須重新發芽、成長，所以，大花咸豐草能利用全年開花結果的優勢，產生許多種子，更增強其散播的機會。但大花咸豐草在臺灣中海拔以上山區（約海拔2000公尺），由於天候較寒，冬天往往也被迫枯亡，致使咸豐草有生長的空間，所以，要想尋得咸豐草，還是建議您往較高海拔的山區去喔！

而區別大花咸豐草與咸豐草的關鍵在於，大花咸豐草之舌狀花花冠，多長於1公分，而咸豐草卻短於0.8公分，也因此咸豐草又名「小白花鬼針」，但它們的全草都能當藥用，藥材名為「咸豐草」，是臺灣中醫師治療肝炎的常用藥材之一。

1. 大花咸豐草為大坑風景區常見植物
2. 大花咸豐草的瘦果具逆刺，可黏刺於動物的身上，藉以傳播繁殖。
3. 咸豐草現已少見於臺灣低海拔，其白色舌狀花較大花咸豐草短小 (本圖攝於清境農場)

大坑登山步道藥用植物圖錄

本書為了考量讀者們的攜帶方便，僅能以有限的篇幅，將種類繁多的大坑植物收錄其中，故採本圖錄的排版方式，每頁排進3種植物，總計選錄常見大坑藥用植物231種，而這些都是您於大坑步道可能遇見的藥用植物，希望本書能帶您盡情享受大坑的植物饗宴。

毛木耳 | 木耳科 Auriculariaceae

Auricularia polytricha (Mont.) Sacc

別名 | 白背木耳、毛耳、木耳、粗木耳。

藥用 | 子實體味甘，性平。能補氣養血、潤肺止咳、活血止血、止痛、降壓、抗癌，治高血壓、產後虛弱、肺虛久咳、腰腿疼痛、抽筋麻木、血脈不通、手足抽搐、白帶過多、咳血、衄血、便血、痔血、子宮出血、眼底出血、反胃、多痰、子宮頸癌、陰道癌等。

臺灣木賊 | 木賊科 Equisetaceae

Equisetum ramosissimum Desf. subsp. *debile* (Roxb.) Hauke

別名 | 木賊、節節草、節骨草、接骨筒。

藥用 | 全草味甘、微苦，性平。能清熱利尿、清肝明目、祛風除濕、發汗解肌、退翳、收歛止血，治目赤腫痛、腸炎腹瀉、黃疸型肝炎、尿路結石、流鼻血、尿血、便血、血崩、咳嗽哮喘、腎炎水腫、胸腹痞塊、小兒疳積、痢疾、瘡瘍、疥癬；外用治跌打骨折。

芒萁 | 裏白 Gleicheniaceae

Dicranopteris linearis (Burm. f.) Underw.

別名 | 芒萁骨、毛枝、烏萁、山蕨、草芒、雞毛蕨。

藥用 | 枝葉味甘、淡。能清熱、解毒、消腫、散瘀、止血，治痔瘡、血崩、鼻衄、小兒高熱、跌打損傷、癰腫、風濕、皮膚搔癢、毒蛇咬傷、火燙傷、外傷出血等。

編語 | 本植物的耐旱性很強，喜生於向陽地。

上/毛木耳
中/臺灣木賊
下/芒萁

鞭葉鐵線蕨 | 鐵線蕨科 Adiantaceae

Adiantum caudatum L.

別名 | 有尾鐵線蕨、有尾靈線草、過山龍。

藥用 | 全草味苦、微甘，性平。能清熱解毒、
利水消腫、止咳涼血、止血生肌，治口
腔潰瘍、腎炎、膀胱炎、尿路感染、痢
疾、吐血、血尿、瘡癤、蛇傷等。

編語 | 屬名源於希臘文adiantos，即乾燥之
意，指其葉片不沾水，而保持乾燥。

扇葉鐵線蕨 | 鐵線蕨科 Adiantaceae

Adiantum flabellulatum L.

別名 | 過壇龍、鐵管草、鐵線草、黑腳蕨。

藥用 | 全草味微苦，性涼。能清熱、利濕，治
肝炎、痢疾、胃腸炎、尿道炎、黃疸、
乳腺炎、頸部淋巴結核、蛇傷等。

編語 | 鐵線蕨科植物通常喜生於山野陰涼潮濕
處或林蔭下。

半月形鐵線蕨 | 鐵線蕨科 Adiantaceae

Adiantum philippense L.

別名 | 黑龍絲、龍鱗草、豬鬃草、(菲律賓)鐵
線蕨。

藥用 | 全草味淡，性平。能清肺止咳、利水通
淋、消癰下乳，治肺熱咳嗽、小便淋
痛、乳癰腫痛、乳汁不下等，煎湯內服
劑量10～30公克。

鞭葉鐵線蕨/上
扇葉鐵線蕨/中
半月形鐵線蕨/下

黑心蕨 | 鳳尾蕨科
Pteridaceae

Doryopteris concolor (Langsd. & Fisch.) Kuhn

別名｜同色黑心蕨。

藥用｜全草味微苦、澀，性涼。能清熱、利
　　　尿、止血，治淋證、尿路感染、外傷出
　　　血等，煎湯內服劑量9～15公克。

編語｜本植物的柄及葉軸、羽軸、小羽軸均呈
　　　亮黑色，葉五角形至圓形，一回至二回
　　　羽裂，野外容易辨識。

日本金粉蕨 | 鳳尾蕨科
Pteridaceae

Onychium japonicum (Thunb.) Kunze

別名｜土黃連、野雞尾、馬尾絲、鳳尾蓮。

藥用｜全草味苦，性寒，為苦味健胃劑。能清
　　　熱、利濕、解毒、止血，治赤痢、腸胃
　　　炎等。

編語｜本品苦味可比黃連，故俗稱土黃連。

劍葉鳳尾草 | 鳳尾蕨科
Pteridaceae

Pteris ensiformis Burm.

別名｜雞腳草、三叉草、鳳冠草、井邊草。

藥用｜全草味甘、苦，性寒。能清熱利濕、涼
　　　血止痢、消炎止痛，治痢疾、肝炎、尿
　　　道炎、流鼻血、咳血、牙痛、喉痛、口
　　　腔炎等。

上/黑心蕨
中/日本金粉蕨
下/劍葉鳳尾草

半邊羽裂鳳尾蕨 | 鳳尾蕨科 Pteridaceae

Pteris semipinnata L.

別名 | 半邊旗、單邊旗、甘草鳳尾蕨、大甘草蕨。

藥用 | 全草味苦、微辛，性涼。能清熱涼血、消腫解毒，治痢疾、牙痛、痔瘡、創傷出血、蛇傷等。

鱗蓋鳳尾蕨 | 鳳尾蕨科 Pteridaceae

Pteris vittata L.

別名 | 蜈蚣草。

藥用 | 全草(或根莖)味淡、苦，性溫。能祛風除濕、清熱解毒，治流行性感冒、痢疾、風濕疼痛、跌打損傷、蟲蛇咬傷、疥瘡等。

瓦氏鳳尾蕨 | 鳳尾蕨科 Pteridaceae

Pteris wallichiana Agardh

別名 | 三叉鳳尾蕨。

藥用 | 全草味微苦、澀，性涼。能清熱、止血，治痢疾、驚風、外傷出血等。

半邊羽裂鳳尾蕨／上
鱗蓋鳳尾蕨／中
瓦氏鳳尾蕨／下

槲蕨 | 水龍骨科 Polypodiaceae

Drynaria fortunei (Kunze ex Mett.) J. Smith

別名 | 觀音橋、爬岩薑、骨碎補、大飛龍。

藥用 | 根莖味苦，性溫。能補腎強骨、活血止痛，治腎虛腰痛、腎虛久瀉、風濕麻木、腰膝筋骨酸痛、跌打損傷、瘀血疼痛、耳鳴、耳聾、牙痛、遺尿等。

石韋 | 水龍骨科 Polypodiaceae

Pyrrosia lingus (Thunb.) Farw.

別名 | (小)石葦、石劍、飛刀劍。

藥用 | 葉味苦、甘，性微寒。能利水通淋、清肺泄熱，治淋痛、尿血、尿道結石、腎炎、崩漏、痢疾、肺熱咳嗽等。

烏蕨 | 陵齒蕨科 Lindsaeaceae

Sphenomenis chusana (L.) Copel.

別名 | 土川黃連、山雞爪、烏韭、鳳尾草、硬枝水雞爪。

藥用 | 全草味微苦、澀，性寒。能清熱利尿、止血生肌、消炎解毒、收斂、清心火，治腸炎、痢疾、肝炎、感冒發熱、咳嗽、痔瘡、跌打損傷等。

上／槲蕨
中／石韋
下／烏蕨

小毛蕨 | 金星蕨科 Thelypteridaceae

Cyclosorus acuminatus (Houtt.) Nakai ex H. Ito

別名 | 毛蕨、漸尖毛蕨、尖羽毛蕨、舒筋草、金星草。

藥用 | 根莖或全草味微苦，性平。能清熱解毒、祛風除濕、消炎健脾、涼血止痢，治痢疾、腸炎、熱淋、咽喉腫痛、風濕痺痛、小兒疳積、狂犬咬傷、燒燙傷等。

細葉複葉耳蕨 | 鱗毛蕨科 Dryopteridaceae

Arachniodes aristata (Forst.) Tindale

別名 | 細葉鐵蕨。

藥用 | 全草味微苦，性涼。能清熱、解毒，治痢疾。

編語 | 本植物為大坑地區最主要的蕨類，其鑑定要訣有2：(1)手觸葉緣有刺感；(2)全葉片尾端的小羽片突然縮小。

腎蕨 | 蓧蕨科 Oleandraceae

Nephrolepis auriculata (L.) Trimen

別名 | 球蕨、鐵雞蛋、鳳凰蛋。

藥用 | 全草味苦、辛，性平。能清熱、利濕、解毒，治頸部淋巴結核、腎臟炎、淋病、消化不良、痢疾、血淋、睪丸炎、高血壓等。

小毛蕨／上
細葉複葉耳蕨／中
腎蕨／下

臺灣五葉松 | 松科 Pinaceae

Pinus morrisonicola Hayata

別名 | 山松柏、五葉松、松柏、松樹。

藥用 | (1)松節油可治風濕關節痛。(2)葉能止咳。

側柏 | 柏科 Cupressaceae

Biota orientalis (L.) Endl.

別名 | 扁柏、香柏、柏樹。

藥用 | (1)葉味苦、澀,性寒。能涼血止血、清肺止咳,治咯血、胃腸道出血、尿血、功能性子宮出血、慢性氣管炎、脫髮等。(2)種仁(稱柏子仁)味甘、辛,性平。能養心安神、潤腸通便,治精神衰弱、心悸、失眠、便秘等。

麻竹 | 禾本科 Gramineae

Dendrocalamus latiflorus Munro

別名 | 正垇竹、甜竹。

藥用 | 筍味苦,性寒。能止咳、化痰、利尿。

編語 | 本植物於大坑地區被廣為栽種。

上/臺灣五葉松
中/側柏
下/麻竹

毛節白茅 | 禾本科 Gramineae

Imperata cylindrica (L.) P. Beauv. var. *major*
(Nees) C. E. Hubb. *ex* Hubb. & Vaughan

別名 | 茅根、白茅根、茅仔草。

藥用 | (1)根莖(藥材稱白茅根或園仔根)味甘，
性寒。能涼血止血、清熱利尿，治麻疹
不發、熱病煩渴、吐血、水腫、糖尿
病等。(2)花味甘，性溫。能止血、止
痛，治吐血、流鼻血、小兒麻痺等。

淡竹葉 | 禾本科 Gramineae

Lophatherum gracile Brongn.

別名 | 碎骨子、水竹、竹葉麥冬、山雞米、迷
身草、地竹、林下竹。

藥用 | 莖、葉味甘、淡，性寒。能清熱、利
濕、除煩，治熱病煩渴、小便赤澀、淋
痛、口舌生瘡等。

編語 | 本植物的塊根能墮胎、催產，為民間的
婦科用藥。

颱風草 | 禾本科 Gramineae

Setaria palmifolia (Koen.) Stapf

別名 | 風颱草、澀船草、棕葉狗尾草、褶葉野
稗。

藥用 | 全草味甘，性溫。能清熱利尿、解毒生
肌、益氣固脫，治脫肛、子宮下垂、關
節炎、小兒發育不良等。

編語 | 治眼茫霧，可取颱風草150公克，半酒
水燉赤肉服。(臺灣)

毛節白茅／上
淡竹葉／中
颱風草／下

鴨跖草 | 鴨跖草科 Commelinaceae
Commelina communis L.

別名 | 水竹仔草、竹節草、藍花菜、碧蟬蛇、竹葉菜、竹節菜。

藥用 | 全草味甘、淡，性寒。能清熱解毒、利水消腫、潤肺涼血，治心凶性水腫、腎炎水腫、腳氣、小便不利、咽喉腫痛、黃疸型肝炎、尿路感染、跌打等。

編語 | 韓國學者發現本品具有抑制飯後血糖迅速上升之作用。

大葉鴨跖草 | 鴨跖草科 Commelinaceae
Commelina paludosa Blume

別名 | 大葉竹仔菜、大苞鴨跖草。

藥用 | 全草味甘，性寒。能利水消腫、清熱解毒、涼血止血，治水腫、腳氣、小便不利、熱淋、尿血、流鼻血、血崩、痢疾、咽喉腫痛、丹毒、癰腫瘡毒、蛇蟲咬傷等。

杜若 | 鴨跖草科 Commelinaceae
Pollia japonica Thunb.

別名 | 山薑、中國水竹葉、石竹菜。

藥用 | 根莖或全草味辛，性微溫。(1)根莖能補腎，治腰痛、跌打損傷。(2)全草能理氣止痛、疏風消腫，治氣滯作痛、肌膚腫痛、胃痛、淋症等；外用治蛇蟲咬傷、癰疔瘡、脫肛。

上/鴨跖草
中/大葉鴨跖草
下/杜若

百部 | 百部科
Stemonaceae

Stemona tuberosa Lour.

別名 | 對葉百部、百部草、大順筋藤、野天
冬、野天門冬、百條根。

藥用 | 塊根味甘、苦，性平。能潤肺止咳、殺
蟲滅虱，治一般咳嗽、肺癆咳嗽、頓
咳、老年咳嗽、咳嗽痰喘、寄生蟲病；
外用治皮膚疥癬、濕疹、頭虱、體虱及
陰虱。

蜘蛛抱蛋 | 百合科
Liliaceae

Aspidistra elatior Blume

別名 | 單枝白葉。

藥用 | 根莖味辛、微澀，性溫。能活血通絡、
利尿解熱、強心、祛痰，治跌打、風濕
筋骨痛、經閉腹痛、頭痛、泄瀉等。

桔梗蘭 | 百合科
Liliaceae

Dianella ensifolia (L.) DC.

別名 | 山菅(蘭)、竹葉蘭、鉸剪王、假射干。

藥用 | (1)根莖(或全草)味辛，性溫，有毒。能
拔毒消腫、散瘀止痛，治腹痛、頸部淋
巴結核、跌打損傷、癰疽瘡癬等。(2)
葉可治毒蛇咬傷。

編語 | 一般文獻認為本植物宜禁內服(《嶺南
采藥錄》：有毒，不入服劑。《全國中
草藥匯編》：嚴禁內服。)

百部/上
蜘蛛抱蛋/中
桔梗蘭/下

細葉麥門冬 | 百合科 Liliaceae

Liriope graminifolia (L.) Baker

別名｜小葉麥門冬、小麥冬、窄葉土麥冬。

藥用｜塊根味甘、微苦，性寒。能養陰生津，治陰虛肺燥、咳嗽痰黏、胃陰不足、口燥咽乾、腸燥便秘等。

菝葜 | 菝葜科 Smilacaceae

Smilax china L.

別名｜金鋼藤、鱟殼刺、狗骨仔、梗殼刺、山歸來、鱟殼藤、金鋼刺。

藥用｜(1)根莖味甘，性溫。能清熱解毒、祛風濕、消腫毒、利尿、抗癌，治風濕、水腫、食道炎、疔瘡等。(2)葉外用治癰癤疔瘡、燙傷。

風藤 | 胡椒科 Piperaceae

Piper kadsura (Choisy) Ohwi

別名｜細葉青蔞藤、大風藤、海風藤、爬岩香。

藥用｜藤莖味辛、苦，性微溫。能祛風濕、通經絡、理氣，治風濕、跌打等。

上／細葉麥門冬
中／菝葜
下／風藤

薄葉風藤 | 胡椒科 Piperaceae

Piper sintenense Hatusima

別名 | 小葉蒟、白風藤、薄葉爬岩香。

藥用 | 全草味辛,性微溫。能袪風除濕、散寒
止痛、活血舒筋、袪痰健胃,治風寒濕
痺、脘腹冷痛、扭挫傷、牙痛、風疹
等。

九節茶 | 金粟蘭科 Chloranthaceae

Sarcandra glabra (Thunb.) Nakai

別名 | 紅果金粟蘭、接骨木、竹節茶、草珊
瑚、觀音茶、腫節風。

藥用 | 全草味苦、辛,性平。能清熱解毒、通
經接骨,治感冒、流行性乙型腦炎、肺
熱咳嗽、痢疾、腸癰、瘡瘍腫毒、風濕
關節痛、跌打損傷等。

編語 | 本植物葉形美,果實艷麗,果期又長,
可利用為插花花材。

黃杞 | 胡桃科 Juglandaceae

Engelhardia roxburghiana Wall.

別名 | 仁杞、黃欒、楊杞。

藥用 | (1)樹皮味微苦、辛,性平。能理氣、
化濕、消滯,治脾胃濕滯、濕熱泄瀉
等。(2)葉味微苦,性涼,有毒。能清
熱、止痛,治疝氣腹痛、感冒發熱等。

編語 | (1)本植物的葉為偶數一回羽狀複葉,
且枝幹表皮刮破後,呈現淡黃色,此色
澤會隨氧化時間增長而色變濃暗。(2)
樹皮搗碎可毒魚。

薄葉風藤／上
九節茶／中
黃杞／下

子彈石櫟 | 殼斗科
Fagaceae
Lithocarpus glaber (Thunb.) Nakai

別名 | 柯(樹)、木奴(樹)、白椆樹、稠柯、白柯。

藥用 | 樹皮味辛，性平，小毒。能行氣、利水，治腹水腫脹，煎湯內服劑量15～30公克。

編語 | 本植物的葉多全緣，其異名有*Quercus glabra* Thunb.、*Pasania glabr* (Thunb.) Oerst.等。

青剛櫟 | 殼斗科
Fagaceae
Cyclobalanopsis glauca (Thunb. *ex* Murray) Oerst.

別名 | 校欑、白校欑、九欑、青岡櫟。

藥用 | 果實味苦、澀，性平。能止渴、破惡血，治泄痢、產後出血等。

槲樹 | 殼斗科
Fagaceae
Quercus dentata Thunb. ex Murray

別名 | 槲櫟、柞櫟、金雞樹、大葉櫟。

藥用 | (1)種子味苦、澀，性平。能澀腸止痢，治小兒佝僂病。(2)樹皮能治惡瘡、瘰、痢疾、腸風下血等。(3)葉味甘、苦，性平。治吐血、衄血、血痢、血痔、淋症等。

上/子彈石櫟
中/青剛櫟
下/槲樹

油葉石櫟 | 殼斗科 Fagaceae

Pasania konishii (Hayata) Schottky

別名 | 油葉柯、細葉杜仔、油葉杜仔、小西氏石櫟。

藥用 | 樹皮能收斂、止血，治腹瀉，並具有抗氧化作用。

編語 | 本植物之性味未詳。

糙葉樹 | 榆科 Ulmaceae

Aphananthe aspera (Thunb. *ex* Murray) Planch.

別名 | 白雞油(樹)、牛筋樹、粗葉樹。

藥用 | 根、樹皮味辛，性平。能舒筋活絡，治跌打損傷、腰痛等。

編語 | 種名*aspera*為粗糙之意。

朴樹 | 榆科 Ulmaceae

Celtis sinensis Pers.

別名 | 沙朴、朴子樹、朴仔、爆仔子樹。

藥用 | 根或樹皮味辛，性平。樹皮能調經，治蕁麻疹、肺癰等。根可治腰痛、漆瘡。

油葉石櫟／上
糙葉樹／中
朴樹／下

山黃麻 | 榆科 Ulmaceae
Trema orientalis (L.) Blume

別名 | 山羊麻、樣仔葉公、麻布樹。

藥用 | 根味澀，性平。能散瘀、消腫、止血，治腸胃出血、尿血，以及各種外傷出血。

編語 | 本植物的木材為早期木屐常用製材。

櫸 | 榆科 Ulmaceae
Zelkova serrata (Thunb.) Makino

別名 | 櫸木、臺灣櫸、光葉櫸、雞油、櫸榆。

藥用 | 樹皮味苦，性寒。能清熱、安胎，治感冒、頭痛、胃熱、痢疾、水腫等。

編語 | 本植物為大坑山區主要的落葉樹種之一，量多。

構樹 | 桑科 Moraceae
Broussonetia papyrifera (L.) L'Hérit. ex Vent.

別名 | 楮、鹿仔樹、穀樹。

藥用 | (1)果實味甘，性寒。能清肝、明目、利尿、補腎、強筋骨、健脾，治腰膝酸軟、虛勞骨蒸、頭暈目昏、目翳、水腫脹滿等。(2)根及粗莖能清熱利濕、活血化瘀、消渴，治咳嗽吐血、水腫、血崩、糖尿病、跌打等。

編語 | 傳說蒙恬製筆時，其筆管用材即為構樹的樹枝。

上/山黃麻
中/櫸
下/構樹

牛乳榕 | 桑科 Moraceae

Ficus erecta Thunb. var. *beecheyana* (Hook. et Arn.) King

別名 大本牛乳埔、牛乳房、牛奶埔、牛乳楠。

藥用 (1)根及莖味甘、淡，性溫。能補中益氣、健脾化濕、強筋健骨，治風濕、跌打、糖尿病等。(2)果實能緩下、潤腸，治痔瘡。

臺灣天仙果 | 桑科 Moraceae

Ficus formosana Maxim.

別名 細本牛乳埔、流乳根、羊乳埔、羊奶樹。

藥用 全株味甘、微澀，性平。能柔肝和脾、清熱利濕、補腎陽，治肝炎、腰肌扭傷、水腫、小便淋痛、糖尿病、陽萎等。

編語 本植物之粗莖及根為著名藥材「羊奶頭」，為補腎陽之民間藥。

珍珠蓮 | 桑科 Moraceae

Ficus sarmentosa Buch.-Ham. ex J. E. Sm. var. *henryi* (King ex D. Oliver) Corner

別名 冰粉樹、阿里山珍珠蓮、風不動。

藥用 根及莖味微辛，性平。能祛風濕、消腫、止痛、殺蟲，治風濕關節痛、乳腺炎等。

編語 本植物與同屬植物愛玉、薜荔的莖(或根)，皆為「風不動」藥材之主要來源，用於治療風濕症。

牛乳榕／上
臺灣天仙果／中
珍珠蓮／下

稜果榕 | 桑科 Moraceae

Ficus septica Burm. f.

別名 | 大冇榕、牛乳榕、豬母乳、豬母乳舅。

藥用 | 樹皮味苦,性寒。可治食物中毒、毒魚咬傷、癌症等。

編語 | 本植物因果實具多條稜線,故名。

盤龍藤 | 桑科 Moraceae

Malaisia scandens (Lour.) Planchon

別名 | 盤龍木、馬來藤、牛筋藤。

藥用 | (1)根及藤能祛風、除濕、清熱、止瀉,治風濕痺痛、腹痛、下痢等。(2)葉治婦人產後病;外用殺蟲。

小葉桑 | 桑科 Moraceae

Morus australis Poir.

別名 | 雞桑、桑材仔、桑仔樹、梁樹、野桑、蠶仔葉樹、蠶仔樹。

藥用 | (1)葉味(辛、)甘,性寒。能清熱、解毒、止渴,治風熱外感、咳嗽、糖尿病等。(2)嫩枝味苦,性平。能祛風濕、通經絡,治風濕痺痛、四肢拘攣、伸屈不利等。(3)根或根皮味甘,性寒。能瀉肺火、利尿,治肺熱咳嗽、水腫、腹瀉、黃疸、高血壓等。(4)果穗味(酸、)甘,性寒。能補陰血、益肝腎,治鬚髮早白、津傷口渴、血虛腸燥等。

編語 | 本植物有花柱,而同屬植物桑*Morus alba* L.則無,藉此可區分兩者。

上/稜果榕
中/盤龍藤
下/小葉桑

長葉苧麻 | 蕁麻科
Urticaceae

Boehmeria blinii Lév. var. *podocarpa* W. T. Wang

別名 | 金石榴、柄果苧麻、帚序苧麻。

藥用 | 葉味甘，性寒。能消積，治小兒食積。

編語 | 本植物為雌雄同株，雄花序球形，腋生；雌花密集成球形，全體排成穗狀，頂生，各穗再集成圓錐狀。

水麻 | 蕁麻科
Urticaceae

Debregeasia orientalis C. J. Chen

別名 | 水麻仔、麻仔。

藥用 | 全草味甘，性涼。能解表、清熱、活血、利濕，治小兒驚風、麻疹不透、風濕性關節炎、咳血、痢疾、跌打損傷、毒瘡等。

編語 | 本植物葉背明顯白色，容易鑑定。

冷清草 | 蕁麻科
Urticaceae

Elatostema lineolatum Wight var. *majus* Wedd.

別名 | 蔣草(或作醬草)、心草。

藥用 | 全草味苦，性寒。能活血通絡、消腫止痛、清熱解毒，治風濕痺痛、跌打損傷、骨傷、外傷出血、癰疽腫痛等。

長葉苧麻／上
水麻／中
冷清草／下

長梗紫苧麻 | 蕁麻科 Urticaceae

Oreocnide pedunculata Masamune

別名 | 長梗紫麻、有梗紫苧麻、水柳。

藥用 | (1)全草能止血，治跌打損傷。(2)皮可敷治腫瘍。

編語 | 本植物的莖皮纖維可製繩索。

霧水葛 | 蕁麻科 Urticaceae

Pouzolzia zeylanica (L.) Benn.

別名 | 石薯仔、全緣葉水雞油、啜膿膏、膿見消、拔膿膏。

藥用 | 全草味甘，性涼。能清熱解毒、排膿生肌、消腫、利水通淋，治瘡瘍、乳癰、風火牙痛、痢疾、腹瀉、小便淋痛、白濁等。

紅葉樹 | 山龍眼科 Proteaceae

Helicia cochinchinensis Lour.

別名 | 羊仔葉、橄欖樹、羊屎果、小果山龍眼。

藥用 | (1)根(或葉)味辛、苦，性涼。能行氣活血、祛瘀止痛，治跌打損傷、腫痛、外傷出血等。(2)種子可外用治燒、燙傷。

上/長梗紫苧麻
中/霧水葛
下/紅葉樹

山龍眼 | 山龍眼科
Proteaceae

Helicia formosana Hemsl.

別名 | 菜甫筋。

藥用 | 根味澀，性涼。能收斂、解毒，治腸
炎、腹瀉、食物中毒等。

編語 | 本植物的果實球形，茶褐色，酷似乾龍
眼，故名。

大葉桑寄生 | 桑寄生科
Loranthaceae

Taxillus liquidambaricolus (Hayata) Hosokawa

別名 | 楓寄生、大葉楓寄生、桑寄生、赤柯寄
生。

藥用 | 全株味辛、苦，性平。能強筋骨、補肝
腎、祛風濕、清熱，治血崩、先兆流
產、產後疾患、腰痛、腫毒、高血壓
等。

編語 | 本植物見於本區1號登山步道。

李棟山桑寄生 | 桑寄生科
Loranthaceae

Taxillus ritozanensis (Hayata) S. T. Chiu

別名 | 茶樹寄生、楊桐葉寄生、埔姜桑寄生。

藥用 | 全株味辛、苦，性平。能強筋骨、補肝
腎、祛風濕、清熱，治血崩、先兆流
產、產後疾患、腰痛、腫毒、高血壓
等。

編語 | 本植物常見寄生於本區的無患子樹上。

山龍眼／上
大葉桑寄生／中
李棟山桑寄生／下

異葉馬兜鈴 | 馬兜鈴科 Aristolochiaceae
Aristolochia heterophylla Hemsl.

別名 | 臺灣馬兜鈴、天仙藤、青木香、黃藤。

藥用 | 全株味苦，性寒。能清熱解毒、活血止痛、健脾利濕，治消化不良、腹痛、毒蛇咬傷、風濕關節痛、腳氣濕腫等。

編語 | 馬兜鈴屬(*Aristolochia*)植物通常含有馬兜鈴酸(Aristolochic acid)，此成分具有很強的腎毒性，應用上宜謹慎。

紅雞屎藤 | 蓼科 Polygonaceae
Polygonum multiflorum Thunb. ex Murray var. *hypoleucum* (Ohwi) Liu ,Ying & Lai

別名 | 紅骨蛇、臺灣何首烏、五德藤。

藥用 | 全草味辛、酸，性溫。(1)根及藤莖能鎮咳、祛風、祛痰，治感冒咳嗽、風濕、糖尿病等。(2)葉可治感冒；外敷刀傷。

扛板歸 | 蓼科 Polygonaceae
Polygonum perfoliatum L.

別名 | 三角鹽酸、犁壁刺、刺犁頭、穿葉蓼。

藥用 | 全草味酸，性平。能清熱解毒、利水消腫、止咳止痢，治百日咳、氣管炎、上呼吸道感染、急性扁桃腺炎、腎炎、水腫、高血壓、黃疸、泄瀉、瘧疾、頓咳、濕疹、疥癬等。

上/異葉馬兜鈴
中/紅雞屎藤
下/扛板歸

臭杏 | 藜科 Chenopodiaceae
Chenopodium ambrosioides L.

別名｜土荊芥、臭川芎、殺蟲芥、蛇藥草、鉤蟲草、狗咬癀。

藥用｜全草味辛、苦，性溫。能祛風除濕、殺蟲止癢、通經活血，治風濕痺痛、經閉、經痛、蛇蟲咬傷、鉤蟲病、蛔蟲病、蟯蟲病、頭風、濕疹、疥癬、口舌生瘡、咽喉腫痛、跌打損傷、中風後遺症等。

紫莖牛膝 | 莧科 Amaranthaceae
Achyranthes aspera L. *var. rubro-fusca* Hook. f.

別名｜蔡鼻草、臺灣牛膝、紅骨蛇、雞骨癀。

藥用｜全草味苦，性平。能活血通經、利尿通淋、清熱解毒、舒筋、強精，治腰膝酸痛、風濕痺痛、閉經、淋濁、疔瘡癰腫、毒蛇咬傷、糖尿病等。

長梗滿天星 | 莧科 Amaranthaceae
Alternanthera philoxeroides (Mart.) Grieseb.

別名｜空心蓮子草、田烏草、空心莧、水生花、革命草。

藥用｜全草味微甘，性寒。能清熱、涼血、利尿、解毒，治肺結核、咳血、尿血、感冒發熱、麻疹、B型腦炎、黃疸、淋濁、濕疹、癰腫瘡癤、毒蛇咬傷等。

臭杏／上
紫莖牛膝／中
長梗滿天星／下

野莧菜 | 莧科 Amaranthaceae

Amaranthus viridis L.

別名 | 山杏菜、鳥莧、綠莧。

藥用 | 全草味甘、淡，性涼。能清熱、解毒、利濕，治痔瘡腫痛、帶濁、經痛、痢疾、小便赤澀、蛇蟲螫傷、牙疳等。

青葙 | 莧科 Amaranthaceae

Celosia argentea L.

別名 | 白雞冠、野雞冠、白雞冠花、狗尾莧。

藥用 | (1)種子味苦，性涼。能清肝、明目、退翳，治肝熱目赤、眼生翳膜、視物昏花、肝火眩暈、障翳、疥癩等。(2)花序能清肝涼血、明目退翳，治吐血、頭風、目赤、血淋、月經不調、帶下等。

多子漿果莧 | 莧科 Amaranthaceae

Cladostachys polysperma (Roxb.) Miq.

別名 | 漿果莧。

藥用 | 全株能祛風除濕、清熱解毒，治風濕痺痛、痢疾、泄瀉等。

上/野莧菜
中/青葙
下/多子漿果莧

美洲商陸 | 商陸科 Phytolaccaceae

Phytolacca americana L.

別名｜洋商陸、野胭脂、美國商陸、垂序商陸。

藥用｜根、葉及種子味苦，性寒，有毒。(1)根能催吐、利尿，治風濕、水腫。(2)種子能利尿。(3)葉能解熱，治腳氣。

圓果商陸 | 商陸科 Phytolaccaceae

Phytolacca japonica Makino

別名｜臺灣商陸、見腫消、日本商陸。

藥用｜根味苦，性寒，有毒。能利水消腫、通利二便、解毒散結，治水腫脹滿、二便不通、腳氣；外用治癰腫瘡毒。

藤三七 | 落葵科 Basellaceae

Anredera cordifolia (Tenore) van Steenis

別名｜洋落葵、雲南白藥、落葵薯、黏藤、寸金丹。

藥用｜(1)珠芽味甘、淡，性涼。能滋補、壯腰膝、消腫、散瘀，治體虛、消化性潰瘍等。(2)葉能抗炎、保肝、降血糖，治糖尿病。

編語｜本植物的葉可直接炒食。

落葵 | 落葵科
Basellaceae

Basella alba L.

別名 | 藤菜、藤葵、胡燕脂、胭脂菜、軟筋菜。

藥用 | 莖葉味甘、淡，性涼。能清熱、解毒、滑腸，治闌尾炎、痢疾、便秘、便血、膀胱炎、小便短澀、關節腫痛、濕疹、糖尿病等。

編語 | 本植物的栽培種即俗稱的「皇宮菜」。

菁芳草 | 石竹科
Caryophyllaceae

Drymaria diandra Blume

別名 | 荷蓮豆草、乳豆草、野豌豆草。

藥用 | 全草味苦、微酸，性涼。能清熱解毒、利尿消腫、活血化瘀、退翳通便，治急性肝炎、黃疸、胃痛、瘧疾、腹水、便秘、瘡癤、癰腫、風濕腳氣、蛇傷、跌打、骨折等。

威靈仙 | 毛茛科
Ranunculaceae

Clematis chinensis Osbeck

別名 | 百條根、為候仙。

藥用 | 根味辛、鹹、微苦，性溫。能祛風除濕、通經絡、消痰涎、散癖積，治風濕痺痛、肢體麻木、筋脈拘攣、屈伸不利、痛風、瘧疾、腳氣腫痛、骨鯁咽喉、腮腺炎、肝炎、腰膝冷痛、毒蛇咬傷等。

上/落葵
中/菁芳草
下/威靈仙

臺灣木通 | 木通科 Lardizabalaceae

Akebia longeracemosa Matsum.

別名 | 五葉長穗木通、長序木通、木通、臺灣野木瓜。

藥用 | 藤莖味微苦,性平。能祛濕、解毒、活血,治風濕、跌打、瘡毒等。

石月 | 木通科 Lardizabalaceae

Stauntonia obovatifoliola Hayata

別名 | 六葉野木瓜、心基六葉野木瓜、心葉石月、橢圓葉石月。

藥用 | (1)莖藤及根味微苦,性寒。能祛風散瘀、利尿消腫、強心、鎮靜、止痛,治風濕痹痛、跌打損傷、術後疼痛、神經性疼痛、小便不利、水腫等。(2)果實可治蚵蟲病。

編語 | 本種葉背綠色,可與同屬植物區別。若葉背呈紫綠色則為紫花野木瓜;葉背灰白色是鈍藥野木瓜。

細圓藤 | 防己科 Menispermaceae

Pericampylus glaucus (Lam.) Merr.

別名 | 蓬萊藤、(臺灣)青藤、車線藤、鐵線藤、蛤仔藤。

藥用 | 地上部分味苦、辛,性涼。能清熱解毒、熄風止痙、祛風除濕,治瘡瘍腫毒、咽喉腫痛、風濕痹痛、跌打、毒蛇咬傷、驚風抽搐等,現代研究亦發現本品含有抗B型肝炎病毒(HBV)及抗愛滋病病毒(HIV)的成分。

編語 | 本植物的葉片寬三角狀卵形,基部略心形或平截,主脈通常5條。

臺灣木通/上
石月/中
細圓藤/下

千金藤 | 防己科 Menispermaceae
Stephania japonica (Thunb. ex Murray) Miers

別名 | 犁壁藤、金線吊烏龜、倒吊癀、蓮葉葛。

藥用 | 根或莖葉味苦、辛,性寒。能清熱解毒、祛風止痛、利水消腫,治咽喉腫痛、牙痛、胃痛、小便淋痛、腳氣水腫、瘧疾、風濕關節痛、瘡癤癰腫、痢疾、毒蛇咬傷、跌打等。

紅花八角 | 木蘭科 Magnoliaceae
Illicium arborescens Hayata

別名 | 八角、臺灣八角、紅八角。

藥用 | 果味辛、甘,性溫,為芳香健胃劑。

南五味 | 木蘭科 Magnoliaceae
Kadsura japonica (L.) Dunal

別名 | 紅骨蛇、內風消、內骨消。

藥用 | (1)根及藤味辛、澀、苦,性平。能解熱、止渴、鎮痛、散風、舒筋、涼血、止痢、消腫、行血,治風濕病、跌打損傷等。(2)果實味苦、辛,性溫。能收斂、鎮咳,治風寒咳嗽、肺癰、頭痛、頭風、手足拘攣麻木、腹痛、上吐下瀉、諸腫毒、高血壓、糖尿病等。

上/千金藤
中/紅花八角
下/南五味

烏心石 | 木蘭科 Magnoliaceae

Michelia compressa (Maxim.) Sargent

別名｜烏棉、烏知、烏提。

藥用｜木材味辛、苦，性平。能抗菌。

編語｜本植物的木材屬闊葉樹一級木。

瓜馥木 | 番荔枝科 Annonaceae

Fissistigma oldhamii (Hemsl.) Merr.

別名｜山龍眼、毛瓜馥木、藤龍眼。

藥用｜根及莖味微辛，性溫。能祛風除濕、活血止痛，治風濕痺痛、腰腿痛、關節痛、跌打損傷等。

編語｜本種的小枝有毛，葉背綠至褐色而有毛。同屬植物「裡白瓜馥木」的小枝則光滑，葉背灰白而無毛。

香葉樹 | 樟科 Lauraceae

Lindera communis Hemsl.

別名｜硬桂、大葉子樹、千斤樹、楠木。

藥用｜根及葉味微苦，性溫。能散瘀消腫、止血止痛、解毒，治跌打損傷、骨折、外傷出血、瘡癤癰腫等。

烏心石/上
瓜馥木/中
香葉樹/下

鹿皮斑木薑子 | 樟科 Lauraceae

Litsea coreana Lev.

別名 | 鹿皮斑黃肉楠、朝鮮木薑子。

藥用 | 根及莖皮味辛、苦，性溫。能溫中止痛、理氣行水，治水腫、胃脘脹痛等。

山胡椒 | 樟科 Lauraceae

Litsea cubeba (Lour.) Pers.

別名 | Makao(泰雅)、木薑子樹、山雞椒、香樟、畢澄茄。

藥用 | 果實、根及粗莖味辛，性溫。(1)果實能暖脾胃、健胃，治食積、痢疾等。(2)根及粗莖能祛風除濕、理氣止痛，治風濕、胃痛等。

編語 | 臺灣原住民曾利用果實之辛辣刺激性以調味。

小梗木薑子 | 樟科 Lauraceae

Litsea hypophaea Hayata

別名 | 黃肉楠、鐵屎楠。

藥用 | 根味辛，性溫。能健胃、行氣、止痛。

上/鹿皮斑木薑子
中/山胡椒
下/小梗木薑子

大葉楠 | 樟科 Lauraceae

Machilus japonica Sieb. & Zucc. var. *kusanoi* (Hayata) Liao

別名 | 楠仔。

藥用 | 根味辛，性溫。可治霍亂、腹痛等。

編語 | 木材為臺灣重要「楠木」之一。

紅楠 | 樟科 Lauraceae

Machilus thunbergii Sieb & Zucc.

別名 | 豬腳楠、臭屎楠、鳥楠、鼻涕楠、蘭嶼豬腳楠。

藥用 | 根味辛，性溫。能舒筋活血、消腫止痛，治扭挫傷、吐瀉等。

編語 | 本植物膨大之芽苞形似豬腳，故又稱「豬腳楠」。

銳葉山柑 | 白花菜科 Capparidaceae

Capparis acutifolia Sweet

別名 | 山柑仔、毛瓣蝴蝶木、細葉風蝶木、細葉蝴蝶木、鳥殼仔、薄葉山柑。

藥用 | 根味苦、澀，性溫，有小毒。能破血散瘀、消腫止痛、舒筋活絡，治跌打腫痛、風濕疼痛、咽喉腫痛、腹痛、牙痛、經閉等。

大葉楠／上
紅楠／中
銳葉山柑／下

心基葉溲疏 | 虎耳草科 Saxifragaceae

Deutzia cordatula Li

別名 | 土常山、本常山、蜀七。

藥用 | 根及粗莖味辛,性寒。能解熱、止瘧,治瘧疾。

編語 | 本植物的花略帶粉紅色,且葉片基部常見淺心形。

楓香 | 金縷梅科 Hamamelidaceae

Liquidambar formosana Hance

別名 | 楓、楓仔樹、楓香樹、路路通、白膠香、大葉楓。

藥用 | (1)果實(藥材稱路路通)味苦,性平。能利水下乳、行中寬氣、祛風除濕,治關節痛、水腫脹滿、乳少、經閉、濕疹等。(2)根味苦,性溫。能祛風、止痛,治癰疽、瘡疥、風濕關節痛。(3)葉味苦,性平。能祛風除濕、行氣止痛,治痢疾、癰腫等。(4)樹脂(稱白膠香)味辛,性平。能解毒生肌、活血止痛、涼血解毒,治跌打損傷、癰疽腫痛、吐血、流鼻血、外傷出血等。

蛇莓 | 薔薇科 Rosaceae

Duchesnea indica (Andr.) Focke

別名 | 蛇婆、蛇波、蛇泡草、地莓、龍吐珠、三爪龍、地楊梅。

藥用 | 全草味甘、酸,性涼。能清熱解毒、散瘀消腫、涼血止血,治白喉、菌痢、熱病、疔瘡、燙傷、感冒、黃疸、目赤、口瘡、咽喉腫痛、痄腮、癰腫、毒蛇咬傷、月經不調、跌打腫痛、糖尿病等。

上/心基葉溲疏
中/楓香
下/蛇莓

山櫻花 | 薔薇科
Rosaceae
Prunus campanulata Maxim.

別名 | 福建山櫻花、緋櫻、緋寒櫻。

藥用 | 葉味苦、甘，性平。能鎮咳、祛痰。

梅 | 薔薇科
Rosaceae
Prunus mume Sieb. & Zucc.

別名 | 梅仔根、烏梅、春梅、白梅、梅仔。

藥用 | 乾燥未成熟果實(稱烏梅)味酸、澀，性平。能生津止渴、收斂殺蟲，治久咳、虛熱咳嗽、久瀉、鉤蟲病、膽道蛔蟲症等。

墨點櫻桃 | 薔薇科
Rosaceae
Prunus phaeosticta (Hance) Maxim.

別名 | 腺葉野櫻、黑星櫻。

藥用 | 根(或葉)味甘、酸，性平。能活血化瘀、鎮咳、利尿，治經閉、癰疽、咳嗽、水腫等。

編語 | 本植物的葉子揉爛後，可嗅得「杏仁味」，俗稱杏仁樹。

山櫻花/上
梅/中
墨點櫻桃/下

變葉懸鉤子 | 薔薇科 Rosaceae

Rubus corchorifolius L. f.

別名 | 毛萼懸鉤子、懸鉤子、山莓、泡兒刺。

藥用 | (1)果實味酸、微甘,性平。能醒酒止渴、化痰解毒、收澀,治醉酒、痛風、丹毒、火燙傷、遺尿、遺精等。(2)根味苦、澀,性平。能涼血止血、活血調經、清熱利濕、解毒斂瘡,治崩漏、痔瘡出血、痢疾、泄瀉、經閉、痛經、跌打、濕疹等。(3)莖葉味苦、澀,性平。能清熱利咽、解毒斂瘡,治咽喉腫痛、乳腺炎、濕疹等。

紅梅消 | 薔薇科 Rosaceae

Rubus parvifolius L.

別名 | (山)鹽波、虎婆刺、茅莓、小號刺波。

藥用 | (1)全草味甘、酸,性平。能散瘀、止痛、解毒、殺蟲,治吐血、痔瘡、疥瘡、跌打、刀傷、產後瘀滯腹痛、痢疾、頸部淋巴結核等。(2)根味甘、苦,性平。能清熱解毒、祛風除濕、活血消腫,治感冒高熱、咽喉腫痛、風濕痹痛、肝炎、泄瀉、水腫、小便淋痛、跌打、疔瘡腫毒等。

編語 | 本植物的小葉為3,而其變種臺東紅梅消*R. parvifolius* L. var. *toapiensis* (Yamamoto) Hosok.的小葉則為5枚。

臺灣懸鉤子 | 薔薇科 Rosaceae

Rubus formosensis Kuntze

別名 | 懸鉤子、薔薇苺、大號刺波。

藥用 | 根及粗莖味辛、微苦,性涼。能清熱解毒、活血止痛、止汗、止帶、止癢,治腰痛、帶下、痔瘡、瘡瘍腫毒、盜汗等。

編語 | 本植物常見於中、高海拔,大坑散見於4號及5號登山步道。

上/變葉懸鉤子
中/紅梅消
下/臺灣懸鉤子

長果懸鈎子 | 薔薇科 Rosaceae

Rubus sumatranus Miq.

別名 | 紅腺懸鈎子、懸鈎子、刺波。

藥用 | 根味辛、微苦、性涼。能清熱解毒、活血止痛、止汗止帶，治腰痛、帶下、瘰癧、黃水瘡、瘡瘍腫毒、盜汗等。

練莢豆 | 豆科 Leguminosae

Alysicarpus vaginalis (L.) DC.

別名 | 山土豆、土豆舅、山地豆、假花生、狗蟻草、蠅翼草。

藥用 | 全草味苦、澀、性涼。能活血通絡、清熱解毒、接骨消腫、去腐生肌，治跌打骨折、外傷出血、筋骨酸痛、瘡瘍潰爛久不收口、咳嗽、腮腺炎、肝炎、消化不良、蛇咬傷等。

頜垂豆 | 豆科 Leguminosae

Archideneron lucidum (Benth.) I. Nielsen

別名 | 含思豆、圍涎樹、雷公柴。

藥用 | 枝葉味微苦、辛，性涼。能涼血、解毒、消炎、止痛、生肌、祛風、消腫，治風濕疼痛、跌打損傷、火燙傷等。

長果懸鈎子／上
練莢豆／中
頜垂豆／下

菊花木 | 豆科 Leguminosae
Bauhinia championii (Benth.) Benth.

別名 黑蝶藤、烏蛾藤、紅花藤。

藥用 (1)根味甘、辛，性微溫。能祛風濕、
行氣血，治跌打損傷、風濕骨痛、心
胃氣痛等。(2)藤味苦、辛，性平。治
風濕骨痛、跌打接骨、胃痛等。(3)葉
能退翳。(4)種子能理氣止痛、活血散
瘀，治跌打損傷。

黃野百合 | 豆科 Leguminosae
Crotalaria pallida Ait.

別名 玲瓏仔豆、黃花炮仔草、野黃豆、臭屎
豆。

藥用 (1)全草味苦、辛，性平。能清熱利
濕、解毒散結，治痢疾、濕熱腹瀉、
小便淋瀝、乳腺炎等。(2)種子味甘、
澀，性涼。能補肝腎，治頭暈目花、神
經衰弱、小便頻數、遺尿、白帶等。

疏花魚藤 | 豆科 Leguminosae
Derris laxiflora Benth.

別名 烏水藤。

藥用 根(或枝葉)為天然殺蟲、毒魚劑。近來
學界發現本植物含有三萜類及芳香族成
分，至於其活性有待進一步討論。

上/菊花木
中/黃野百合
下/疏花魚藤

銀合歡 | 豆科 Leguminosae

Leucaena leucocephala (Lam.) de Wit

別名 | 白相思仔、臭菁仔、紐葉番婆樹。

藥用 | 根皮味甘，性平。能解鬱寧心、解毒消腫，治心煩失眠、心悸怔忡、跌打損傷、肺癰、癰腫、疥瘡等。

編語 | 本植物之未成熟種子能驅蟲。

光葉魚藤 | 豆科 Leguminosae

Millettia nitida Benth.

別名 | 光葉刈藤、亮葉崖豆藤、硬根藤、血節藤、亮葉雞血藤。

藥用 | 根及藤莖味苦，性溫。能活血補血、舒筋活絡，治貧血、痢疾、產後虛弱、頭暈目眩、月經不調、風濕痹痛、四肢麻木、血虛經閉、乳癰等。

昆明雞血藤 | 豆科 Leguminosae

Millettia reticulata Benth.

別名 | 老荊藤、紅口藤、過山龍、蟾蜍藤、紫藤。

藥用 | 藤莖味苦，性溫，有毒。能養血祛風、通經活絡，治腰酸痛麻木、月經不調、跌打損傷等。

編語 | 本植物的根能鎮靜，可治躁狂型精神分裂症。

銀合歡/上
光葉魚藤/中
昆明雞血藤/下

含羞草 | 豆科 Leguminosae

Mimosa pudica L.

別名 | 見笑草、見羞草、怕羞草。

藥用 | 全草味甘、澀，性微寒，有毒。能鎮靜安神、化痰止咳、清熱解毒、利尿消積，治腸炎、失眠、小兒疳積、目赤腫痛、深部膿腫、帶狀疱疹等。

血藤 | 豆科 Leguminosae

Mucuna macrocarpa Wall.

別名 | 大血藤、烏血藤、串天癀、入骨丹。

藥用 | 藤莖味苦、澀，性微溫。能舒筋活絡、補血活血、清肺潤燥、調經，治風濕關節痛、小兒麻痺後遺症、月經不調、貧血、肺熱燥咳、咳血、腰膝酸痛、手足麻木、癱瘓等。

葛藤 | 豆科 Leguminosae

Pueraria lobata (Willd.) Ohwi

別名 | 葛根、葛、野葛。

藥用 | (1)塊根(藥材稱葛根)味甘、辛，性平。能升陽解肌、透疹止瀉、除煩止渴，治傷寒溫熱頭痛項強、煩熱、糖尿病、泄瀉、麻疹不透等。(2)葛花味甘，性平。能解酒醒脾，治酒傷發熱煩渴、不思飲食、吐逆吐酸等。

上／含羞草
中／血藤
下／葛藤

山葛 | 豆科 Leguminosae

Pueraria montana (Lour.) Merr.

別名｜臺灣葛藤、乾葛、葛藤。

藥用｜根味辛、苦，性平。能清熱透疹、生津止渴，治麻疹不透、吐血、消渴、口腔潰破等。

酢漿草 | 酢漿草科 Oxalidaceae

Oxalis corniculata L.

別名｜鹽酸仔草、山鹽酸、蝴蠅翼、三葉酸、黃花酢漿草。

藥用｜全草味酸，性涼。能清熱解毒、安神降壓、利濕涼血、散瘀消腫，治痢疾、黃疸、吐血、咽喉腫痛、跌打損傷、燒燙傷、痔瘡、脫肛、疔瘡、疥癬等。

編語｜本植物鮮葉味微酸而甜，故有鹽酸仔草、山鹽酸等俗稱。

虎皮楠 | 虎皮楠科 Daphniphyllaceae

Daphniphyllum glaucescens Blume subsp. *oldhamii* (Hemsl.) Huang

別名｜奧氏虎皮楠、四川虎皮楠、南寧虎皮楠。

藥用｜根或葉味苦、澀，性涼。能清熱解毒、活血散瘀，治感冒發熱、咽喉腫痛、脾臟腫大、骨折創傷、毒蛇咬傷等，煎湯內服劑量15～30公克。

編語｜在大坑登山步道中，本植物於5號步道出現最多。

山葛／上
酢漿草／中
虎皮楠／下

三椏苦 | 芸香科 Rutaceae

Melicope pteleifolia (Champ. ex Benth.) T. Hartley

別名 | 三腳鱉、三叉虎、白馬屎、小黃散。

藥用 | (1) 根及根皮味苦，性寒。能清熱解毒、祛風除濕，治肺熱咳嗽、肺癰、風濕關節痛、創傷感染發熱等。(2) 葉味苦，性寒。能清熱解毒、祛風除濕，治咽喉腫痛、瘧疾、黃疸、風濕骨痛、濕疹、瘡瘍。

編語 | 三椏苦、三腳鱉、三叉虎皆形容本植物具三出複葉。

石苓舅 | 芸香科 Rutaceae

Glycosmis citrifolia (Willd.) Lindl.

別名 | 山橘。

藥用 | 根(或葉)味苦，性平。能祛風解表、化痰止咳、理氣消積、散瘀消腫，治感冒咳嗽、食滯納呆、食積腹痛、疝氣痛、跌打腫痛等。

山黃皮 | 芸香科 Rutaceae

Murraya euchrestifolia Hayata

別名 | 山豆葉月橘、野黃皮。

藥用 | 枝葉味辛，性溫。能疏風解表、活血散瘀、消腫止痛，治瘧疾、感冒、咳嗽、頭痛、跌打損傷、風濕骨痛等。

上／三椏苦
中／石苓舅
下／山黃皮

月橘 | 芸香科 Rutaceae
Murraya paniculata (L.) Jack

別名 | 七里香、九里香、十里香、滿山香。

藥用 | 全株味辛、苦，性微溫。能行氣活血、
祛風除濕、散瘀止痛、麻醉鎮驚，治脘
腹氣痛、疥瘡、跌打、風濕、腰膝冷
痛、痛風、睪丸腫痛、濕疹等。

臭辣樹 | 芸香科 Rutaceae
Tetradium glabrifolium (Champ. ex Benth.) T.
Hartley

別名 | 賊仔樹。

藥用 | (1)全株味辛，性溫。能溫中散寒、理
氣止痛，治胃痛、頭痛、心腹氣痛等。
(2)果實味辛，性溫。能溫中散寒、行
氣止痛，治脘腹疼痛、嘔吐、頭痛等。
(3)根或葉味辛、微甘、澀，性涼。能
止咳、止痛、解毒、斂瘡，治咳嗽、關
節腫痛、瘡癰癤腫、燒燙傷等。

飛龍掌血 | 芸香科 Rutaceae
Toddalia asiatica (L.) Lamarck

別名 | 見血飛、散血丹、小葉黃肉樹、細葉黃
肉刺、黃樹根藤。

藥用 | (1)根或根皮味辛、苦，性溫。能散瘀
止血、祛風除濕、消腫解毒、止痛，治
感冒風寒、胃氣痛、風濕關節痛、跌打
損傷、腰腿痛、牙痛、痢疾、瘧疾、瘡
癤腫毒、毒蛇咬傷、外傷出血等。(2)
葉味辛、苦，性溫。能散瘀止血、消腫
解毒，搗敷刀傷出血、瘡癤腫毒、毒蛇
咬傷，內服治腹痛。

編語 | 本植物有刺，觸摸宜小心。

月橘／上
臭辣樹／中
飛龍掌血／下

崖椒 | 芸香科 Rutaceae
Zanthoxylum nitidum (Roxb.) DC.

別名 | 雙面刺、兩面針、花椒、鳥不宿、鳥踏刺。

藥用 | 根或枝葉味辛、苦,性微溫。能祛風通絡、除濕止痛、消腫解毒,治跌打腫痛、腰肌勞損、胃痛、牙痛、咽喉腫痛、毒蛇咬傷、風濕痹痛、支氣管炎、咳嗽發燒、痧病等。

橄欖 | 橄欖科 Burseraceae
Canarium album (Lour.) Raeusch.

別名 | 白欖、青果、綠欖、(草)干仔根。

藥用 | (1)果實味甘、酸,性平。能清熱、利咽、生津、解毒,治咽喉腫痛、咳嗽、煩渴、魚蟹中毒等。(2)根味淡,性平。能清咽、解毒、利關節,治咽喉腫痛、腳氣、筋骨疼痛等。

苦楝 | 楝科 Meliaceae
Melia azedarach L.

別名 | 苦苓樹、苦楝樹、楝。

藥用 | 根皮或幹皮味苦,性寒,有小毒。能清熱、燥濕、殺蟲,治蚘蟲、蟲積腹痛、疥癬搔癢等。

編語 | 本植物臺語諧音近「可憐」,民間以為栽種它不吉利。

上／崖椒
中／橄欖
下／苦楝

廣東油桐 | 大戟科 Euphorbiaceae
Aleurites montana (Lour.) Wilson

別名 | 千年桐、皺桐、油桐、五月雪。

藥用 | 桐油為催吐劑、瀉下劑。能拔膿生肌、消腫解毒，治疔瘡、凍瘡、諸瘡膿毒等。

編語 | 本植物的果實皮皺，故有「皺桐」之名。

大飛揚草 | 大戟科 Euphorbiaceae
Chamaesyce hirta (L.) Millsp.

別名 | (大本)乳仔草、飛揚草、羊母奶。

藥用 | 全草味微苦、微酸，性涼。能清熱解毒、利濕止癢，治消化不良、陰道滴蟲、痢疾、泄瀉、咳嗽、腎盂腎炎；外用治濕疹、皮膚炎、皮膚搔癢，去疣。

編語 | 本植物為治細菌性痢疾之重要藥草。

細葉饅頭果 | 大戟科 Euphorbiaceae
Glochidion rubrum Blume

別名 | 面頭果、細葉赤血仔、饅頭果。

藥用 | 根味辛、澀，性涼。能除濕、止痛，治風濕疼痛、神經痛等。

廣東油桐／上
大飛揚草／中
細葉饅頭果／下

粗糠柴 | 大戟科 Euphorbiaceae

Mallotus philippinensis (Lam.) Muell.-Arg.

別名 | 山荔枝、菲島桐、六稔仔。

藥用 | (1)根味微苦、微澀，性涼。能清熱利濕，治痢疾、咽喉腫痛、月經不順等。(2)葉味微苦、微澀，性涼。能清熱祛濕、止血生肌，治濕熱吐瀉、風濕痺痛、外傷出血、瘡瘍、燙傷等。(3)果實的腺毛及毛茸味淡，性平。能驅蟲、通便，治條蟲病、爛瘡、跌打、大便秘結。

編語 | 本植物的樹皮可外洗皮膚炎及香港腳。

樹薯 | 大戟科 Euphorbiaceae

Manihot esculenta Crantz

別名 | 木薯、番薯樹。

藥用 | (1)葉味苦，性寒。能收斂止血、化瘀止痛，治外傷出血、頭痛等。(2)樹皮可治風濕關節炎。

編語 | 本植物的塊根不可生食，以免導致氫氰酸中毒。

蟲屎 | 大戟科 Euphorbiaceae

Melanolepis multiglandulosa (Reinw.) Reichb. f. & Zoll.

別名 | 白樹仔。

藥用 | 根及粗莖(藥材稱白冇樹根)能消炎、祛風、利水、驅蟲，治下消、跌打損傷等。

編語 | 取本品2兩半，水煎服，可治下消。

上/粗糠柴
中/樹薯
下/蟲屎

多花油柑 | 大戟科
Euphorbiaceae

Phyllanthus multiflorus Willd.

別名 | 白仔、小果葉下珠。

藥用 | 根味澀，性平。能消炎、收斂、止瀉，治痢疾、肝炎、小兒疳積等。

編語 | 木材可作薪炭材。

葉下珠 | 大戟科
Euphorbiaceae

Phyllanthus urinaria L.

別名 | 珠仔草、紅骨欑、珍珠草、真珠草、葉後珠。

藥用 | 全草味甘、苦，性涼。能清熱、利尿、消積、明目、消炎、解毒，治泄瀉、痢疾、傳染性肝炎、水腫、小便淋痛、小兒疳積、赤眼目翳、口瘡、頭瘡、無名腫毒等。

蓖麻 | 大戟科
Euphorbiaceae

Ricinus communis L.

別名 | 紅茶蓖、紅都蓖、紅蓖麻。

藥用 | (1)種子(藥材稱蓖麻子)味甘、辛，性平，有毒。能消腫拔毒、瀉下通滯，治癰疽腫毒、瘰癧、喉痺、疥癩癬瘡、水腫腹滿、大便燥結等；含毒蛋白，可抗腹水癌。(2)蓖麻子油為刺激性瀉藥，治大便燥結、瘡疥、燒傷。

多花油柑/上
葉下珠/中
蓖麻/下

白柏 | 大戟科 Euphorbiaceae

Sapium discolor Muell.-Arg.

別名 | 山(烏)柏、有柏、紅烏柏、紅葉烏柏、山柳烏柏。

藥用 | 全株味苦，性寒，有小毒。(1)根皮或樹皮能瀉下逐水、散瘀消腫、通便、解毒，治腎炎水腫、肝硬化腹水、二便不通、白濁、瘡癰、濕疹、跌打損傷、毒蛇咬傷等。(2)根能利水通便、祛瘀消腫，治便秘、蛇傷、跌打、皮膚癢。(3)葉能活血、解毒、利濕，治跌打腫痛、毒蛇咬傷、過敏性皮膚炎、濕疹等。

羅氏鹽膚木 | 漆樹科 Anacardiaceae

Rhus chinensis Mill. var. *roxburghii* (DC.) Rehd.

別名 | 鹽霜柏、鹽膚木、埔鹽、山鹽青、鹽東花。

藥用 | (1)果實味酸，澀，性涼。治咳嗽痰多、盜汗。(2)根能消炎解毒、活血散瘀、收斂止瀉，治咽喉炎、咳血、胃痛、痔瘡出血等。(3)鮮葉外敷毒蛇咬傷、漆瘡、濕疹。(4)樹皮治痢疾。(5)莖(藥材稱埔鹽片)治糖尿病。

崗梅 | 冬青科 Aquifoliaceae

Ilex asprella (Hook. & Arn.) Champ.

別名 | 釘秤仔、燈秤仔、萬點金、梅葉冬青、山甘草。

藥用 | 根及莖味苦，甘，性寒。能清熱解毒、生津止渴、活血，治感冒、肺癰、咽喉腫痛、淋濁、風火牙痛、瘰癧、癰疽疔癤、過敏性皮膚炎、痔血、蛇咬傷、跌打損傷等。

編語 | 本植物通常寫成「岡梅」，但岡應有「山崗」之意，建議採用「崗」字。

上/白柏
中/羅氏鹽膚木
下/崗梅

臺灣糊樗 | 冬青科 Aquifoliaceae

Ilex ficoidea Hemsl.

別名 | 武威山冬青、苦藦、糊樗。

藥用 | 根味苦、甘,性涼。能解毒、消腫、止痛,治肝炎、跌打損傷等。

臺灣山香圓 | 省沽油科 Staphyleaceae

Turpinia formosana Nakai

別名 | 山香圓、山桂花、鋸葉杜英。

藥用 | 根味苦,性寒。能活血散瘀、消腫止痛,治跌打損傷、脾臟腫大等。

編語 | 本植物的葉柄兩端皆膨大,為其重要鑑定特徵之一。

倒地鈴 | 無患子科 Sapindaceae

Cardiospermum halicacabum L.

別名 | 假苦瓜、風船葛、天燈籠、三角燈籠、倒藤卜仔草。

藥用 | 全草味苦、微辛,性涼。能散瘀消腫、涼血解毒、清熱利水,治黃疸、淋病、疔瘡、膿疱瘡、疥瘡、蛇咬傷、糖尿病、發燒(忽冷忽熱)等。

編語 | 本植物的種子色黑,帶有一白色心形圖案,很有特色。

臺灣糊樗/上
臺灣山香圓/中
倒地鈴/下

龍眼 | 無患子科 Sapindaceae
Euphoria longana Lam.

別名 | 圓眼、寶圓、益智、亞荔枝、桂圓、福圓。

藥用 | (1)根及粗莖味微苦、澀，性平。能利濕、通絡、收斂，治糖尿病。(2)龍眼肉味甘，性溫。能益心脾、補氣血、安神，治虛勞羸弱、失眠、健忘、怔忡等。

臺灣欒樹 | 無患子科 Sapindaceae
Koelreuteria henryi Dummer

別名 | 苦苓舅、苦楝舅。

藥用 | 根及根皮味苦，性寒。能疏風清熱、收斂止咳、止痢殺蟲，治風熱咳嗽、風熱目痛、痢疾、尿道炎等。

荔枝 | 無患子科 Sapindaceae
Litchi chinensis Sonn.

別名 | 荔支、麗枝。

藥用 | (1)果實(或假種皮)味甘、酸，性溫。能生津止渴、補脾養血、理氣止痛，治煩渴、血崩、脾虛泄瀉、病後體虛、胃痛、呃逆；外用治疔瘡腫毒、外傷出血。(2)果殼味苦，性涼。能解荔枝熱，治產後口渴。(3)種子(果核)味甘、澀、微苦，性溫。治陰囊腫痛。(4)葉味辛、微苦，性涼。治腳癬、耳後潰瘍。(5)根味微苦、澀，性溫。能理氣止痛、解毒消腫，治胃痛、疝氣、咽喉腫痛等。

編語 | 本植物的盛花期約於4月份。

上/龍眼
中/臺灣欒樹
下/荔枝

桶鈎藤 | 鼠李科 Rhamnaceae

Rhamnus formosana Matsumura

別名 臺灣鼠李、本黃芩、山藍盤、黃心樹、黑目仔。

藥用 根及粗莖(藥材稱本黃芩)能解熱、消炎、滋陰、利尿,治口腔炎、咽喉腫痛、胃病、肝炎、腎炎、皮膚癢、濕疹等。

編語 本植物無刺,但側枝常呈匍匐狀,又很強韌,彎曲性也強,可彎成木桶等之提手,故名。

漢氏山葡萄 | 葡萄科 Vitaceae

Ampelopsis brevipedunculata (Maxim.)
Trautv. var. *hancei* (Planch.) Rehder

別名 (大本)山葡萄、大葡萄、冷飯藤、蛇葡萄、耳空仔藤。

藥用 藤莖味甘,性平。能清熱解毒、祛風活絡、止痛止血、散瘀破結、利尿消腫,治風濕關節痛、嘔吐、泄瀉、跌打損傷、瘡瘍腫毒、外傷出血、燒燙傷、腎炎、肝炎等。

廣東山葡萄 | 葡萄科 Vitaceae

Ampelopsis cantoniensis (Hook. & Arn.)
Planch.

別名 粵蛇葡萄、紅骨山葡萄、紅莖山葡萄、赤山葡萄、紅血絲。

藥用 全株(或根)味甘、微苦,性涼。能解毒消炎、利濕消腫、祛瘀止痛、清暑熱,治風濕關節痛、骨髓炎、淋巴結炎、肝炎、跌打損傷、濕疹等。

桶鈎藤/上
漢氏山葡萄/中
廣東山葡萄/下

翼莖粉藤 | 葡萄科 Vitaceae

Cissus pteroclada Hayata

別名 | 翼莖山葡萄、翼莖烏蘞莓、寬筋藤、身
筋藤、四方藤、戟葉白粉藤。

藥用 | 藤莖味辛、微苦，性平。能祛風除濕、
活血通絡，治風濕關節痛、腰肌勞損、
肢體麻痺、跌打損傷等，煎湯內服劑量
10～30公克。

編語 | 本植物於大坑2號登山步道可見。

地錦 | 葡萄科 Vitaceae

Parthenocissus tricuspidata (Sieb. & Zucc.)
Planchon

別名 | 爬牆虎、爬山虎、土鼓藤。

藥用 | 莖味甘，性溫。能祛風、活血、舒筋、
消腫、止痛，治風濕關節痛、瘡癤、乳
癰等；外用洗皮膚病、癰瘡。

杜英 | 膽八樹科 Elaeocarpaceae

Elaeocarpus sylvestris (Lour.) Poir.

別名 | 山冬桃、小冬桃、山杜英。

藥用 | 根味辛，性溫。能散瘀、消腫，治跌打
瘀腫。

上/翼莖粉藤
中/地錦
下/杜英

垂桉草 | 田麻科 Tiliaceae

Triumfetta bartramia L.

別名 黃花虱母子、黃花虱麻子、下山虎、玉
如意、菱葉黐頭婆。

藥用 (1)全株味甘、淡，性涼。能清熱解
毒、利尿散結，治風熱感冒、石淋等。
(2)根味苦，性寒。能利尿降壓、化
石，治高血壓、石淋、感冒風熱表症
等。

編語 本植物的下部葉3裂，上部葉不裂，果
刺無毛。

長葉垂桉草 | 田麻科 Tiliaceae

Triumfetta pilosa Roth.

別名 毛黃花虱母子、黃花虱母子、山黃麻。

藥用 根味辛，性平。能祛風除濕、利水消
腫，治風濕疼痛、小便淋痛、水腫、月
經不調、癥積疼痛、跌打損傷等。

編語 本植物的下部葉有時3淺裂，果實的棘
刺尖端彎曲，且果刺有平展的糙毛。

山芙蓉 | 錦葵科 Malvaceae

Hibiscus taiwanensis Hu

別名 狗頭芙蓉、朝開暮落花。

藥用 根及莖味微辛，性平。能清肺止咳、涼
血消腫、解毒，治肺癰、惡瘡、糖尿病
等。

垂桉草／上
長葉垂桉草／中
山芙蓉／下

蛇總管 | 錦葵科 Malvaceae

Sida acuta Burm. f.

別名 | 細葉金午時花、黃花稔、四米草、賜米草。

藥用 | 全株(或粗莖)味甘、淡，性涼。能清熱解毒、消腫止痛、收斂生肌，治感冒、乳腺炎、痢疾、跌打、癰瘡、糖尿病等。

賜米草 | 錦葵科 Malvaceae

Sida rhombifolia L.

別名 | 金午時花、(白背)黃花稔、大號嗽血仔草。

藥用 | 全草味甘、辛，性涼。能清熱利濕、活血排膿，治流行性感冒、乳蛾、痢疾、泄瀉、黃疸、痔血、吐血、癰疽疔瘡等。

虱母 | 錦葵科 Malvaceae

Urena lobata L.

別名 | 肖梵天花、紅花地桃花、假桃花、虱母子、野棉花、三腳破。

藥用 | 全草(或根)味甘、辛，性平。能清熱解毒、祛風除濕、行氣活血，治水腫、風濕、痢疾、吐血、刀傷出血、跌打損傷、毒蛇咬傷等。

上/蛇總管
中/賜米草
下/虱母

蘋婆 | 梧桐科 Sterculiaceae
Sterculia nobilis Smith

別名 | 鳳眼果、豬哥磅、潘安果。

藥用 | 全株味甘，性平。(1)種子能和胃消食、解毒殺蟲，治翻胃吐食、蟲積腹痛、疝痛、小兒爛頭瘍等。(2)果殼能活血、行氣，治小腸疝氣、血痢、痔瘡、中耳炎等。(3)根主治胃潰瘍。(4)樹皮能下氣、平喘，治哮喘。

硬齒獼猴桃 | 獼猴桃科 Actinidiaceae
Actinidia callosa Lindl.

別名 | 阿里山獼猴桃、獼猴桃、豬哥藤、山羊桃、水梨藤。

藥用 | 根皮味澀，性涼。能清熱、利濕、消腫、止痛，治濕熱水腫、腸癰、癰腫瘡毒等。煎湯內服劑量為30～60公克。

編語 | 本植物分枝有2型：(1)春枝葉片較狹窄，無毛至密被粗毛；(2)夏枝為開花枝，葉片較寬闊，近乎無毛。

水冬瓜 | 獼猴桃科 Actinidiaceae
Saurauia tristyla DC. var. *oldhamii* (Hemsl.) Finet & Gagnep.

別名 | 水東哥、水枇杷、大冇樹、白飯木、白飯果。

藥用 | (1)根味微苦，性涼。能清熱解毒、止咳止痛，治風熱咳嗽、風火牙痛、白帶、尿路感染、精神分裂、肝炎等。(2)樹皮治尿路感染、骨髓炎、癰癤等。(3)鮮葉可搗敷燒燙傷。

銳葉柃木 | 山茶科 Theaceae

Eurya acuminata DC.

別名 | 尖葉柃木、柃木。

藥用 | 根及粗莖味微苦、澀,性涼。能祛風除濕、消腫止血、清熱解毒,治風濕疼痛、感冒發熱、濕熱黃疸、口乾舌燥、跌打腫痛、外傷出血等。

編語 | 臺灣的柃木屬(*Eurya*)植物約有12種,部分外形相近,入藥經常混採混用。

厚皮香 | 山茶科 Theaceae

Ternstroemia gymnanthera (Wight & Arn.) Sprague

別名 | 紅柴、豬血柴、山茶樹、大五味藤、氣血藤。

藥用 | 全株味苦,性涼,有小毒。(1)葉或全株能清熱解毒、散瘀消腫,治瘡癰腫毒、乳癰、消化不良等。(2)花能殺蟲、止癢,治疥癬搔癢。

編語 | 本植物新鮮的木材為白色,置大氣中會漸呈紫紅色,故稱「紅柴」。又其植株生長緩慢,木材細緻堅重,為優良建材。

臺灣菫菜 | 菫菜科 Violaceae

Viola formosana Hayata

別名 | 紅含殼草、蚶殼錢、紅鍋蓋草、(臺灣)茶匙癀。

藥用 | 全草味苦,性寒。能健脾開胃、祛風止咳、活血通經,治小兒食慾不振、感冒、咳嗽、痛經、帶下、腹痛下痢、風濕病等。

編語 | 本植物葉背多紫紅色,但亦可見灰綠色。

上/銳葉柃木
中/厚皮香
下/臺灣菫菜

天料木 | 大風子科 Flacourtiaceae
Homalium cochinchinensis (Lour.) Druce

別名 | 秋水仙天料木。

藥用 | (1)根味苦、澀。能收斂，治淋病。(2)
枝葉治風疹、瘡瘍腫毒。

編語 | 本植物入秋後葉會轉紫紅，頗具欣賞價
值。

三角葉西番蓮 | 西番蓮科 Passifloraceae
Passiflora suberosa L.

別名 | 栓皮西番蓮、小果西番蓮、姬番果。

藥用 | 葉味甘、酸，性涼。外敷腫毒。

編語 | 本植物的果實有毒，應小心誤食。

小葉赤楠 | 桃金孃科 Myrtaceae
Syzygium buxifolium Hook. & Arn.

別名 | 山烏珠、(小號)犁頭樹、赤蘭、番仔掃
帚。

藥用 | 根或根皮、葉味甘，性平。能清熱解
毒、利水平喘，治浮腫、哮喘、燒燙
傷、癰腫瘡毒、漆瘡等。

天料木／上
三角葉西番蓮／中
小葉赤楠／下

柏拉木 | 野牡丹科 Melastomataceae

Blastus cochinchinensis Lour.

別名 | 黃金梢、山甜娘、崩瘡藥。

藥用 | 根味澀、微酸，性平。能收斂止血、消腫解毒，治產後流血不止、月經過多、泄瀉、跌打損傷、外傷出血、瘡瘍潰爛等。

細葉水丁香 | 柳葉菜科 Onagraceae

Ludwigia hyssopifolia (G. Don) Exell

別名 | 線葉丁香蓼、草龍、小本水香蕉、針銅射。

藥用 | 全草味淡、辛、微苦，性涼。能清熱解毒、涼血消腫，治感冒發燒、咽喉腫痛、牙痛、口瘡、疔瘡、濕熱瀉痢、水腫、淋痛、疳積、咯血、咳血、吐血、便血、崩漏、癰瘡癤腫等。

水丁香 | 柳葉菜科 Onagraceae

Ludwigia octovalvis (Jacq.) Raven

別名 | 水香蕉、毛草龍、針銅射。

藥用 | (1)根及粗莖(稱水丁香頭)味淡、苦，性寒。能解熱、利尿、降壓、消炎，治腎臟炎、水腫、肝炎、黃疸、高血壓、感冒發熱、吐血、痢疾、牙痛、皮膚癢等。(2)嫩枝葉能利水、消腫，治腎臟炎、水腫、高血壓、喉痛、癰疽疔腫、火燙傷等。

上/柏拉木
中/細葉水丁香
下/水丁香

三葉五加 | 五加科 Araliaceae

Eleutherococcus trifoliatus (L.) S. Y. Hu

別名│三加、鳥子仔草、刺三甲。

藥用│(1)根或根皮(藥材稱三加皮)味苦、辛，性涼。能清熱解毒、袪風除濕、舒筋活血，治風濕、跌打等。(2)嫩枝葉味苦、辛，性微寒。能消腫、解毒，治胃痛、疔瘡等。

鵝掌柴 | 五加科 Araliaceae

Schefflera octophylla (Lour.) Harms

別名│鴨腳木、江某(公母)、野麻瓜、鴨母樹、鴨腳樹。

藥用│根及幹皮味苦，性涼。能清熱解毒、消腫散瘀、發汗解表、袪風除濕、舒筋活絡，治感冒發熱、風濕、跌打等。

通脫木 | 五加科 Araliaceae

Tetrapanax papyriferus (Hook.) K. Koch

別名│花草、通草、蓪草。

藥用│莖髓味甘、淡，性微寒。能清熱、利尿、通乳，治水腫、小便淋痛、尿頻、黃疸、濕溫病、帶下、經閉、乳汁較少或不下等。

三葉五加/上
鵝掌柴/中
通脫木/下

乞食碗 | 繖形科 Umbelliferae

Hydrocotyle nepalensis Hook.

別名 | 含殼草、含殼錢草、紅骨蚶殼仔草、變地忽。

藥用 | 全草味辛、微苦,性涼。能活血止血、清肺熱、散血熱,治跌打、感冒、咳嗽痰血、痢疾、泄瀉、痛經、月經不調;外敷腫毒、痔瘡及外傷出血。

編語 | 據筆者研究發現,本品水萃取物可能具有抗氧化、鎮痛、抗發炎、保肝及抗癌之作用。

臺灣馬醉木 | 杜鵑(花)科 Ericaceae

Pieris taiwanensis Hayata

別名 | 臺灣浸木、臺灣桂木、馬醉木。

藥用 | (1)根及幹味苦,性涼,有大毒。能麻醉、鎮靜、止痛,治瘡疥、風濕關節痛、筋骨酸痛等。(2)葉可治腦神經緊張所引起頭痛、頭暈、夜不得眠等(鄭木榮 醫師),但毒性大,宜慎用。

編語 | 本植物常見於中央山脈海拔1000～3300公尺高地開闊地區,但本區5號登山步道可見。

馬銀花 | 杜鵑(花)科 Ericaceae

Rhododendron ovatum Planch.

別名 | 卵葉杜鵑。

藥用 | 根味苦,性平,有毒。能清熱利濕、解瘡毒,治濕熱帶下、癰腫、疔瘡等。

編語 | 本植物於大坑4、5號登山步道可見。

上/乞食碗
中/臺灣馬醉木
下/馬銀花

玉山紫金牛 | 紫金牛科
Myrsinaceae

Ardisia cornudentata Mez subsp.
morrisonensis (Hayata) Yang

別名 | 雨傘仔。

藥用 | 全株味苦，性平。能消腫散瘀、活血止
痛，治跌打腫痛。

編語 | 本植物的小枝及花枝被褐色毛，而原種
植物「雨傘仔」(*A. cornudentata* Mez)
的小枝及花枝則光滑。

小葉樹杞 | 紫金牛科
Myrsinaceae

Ardisia quinquegona Blume

別名 | 稜果紫金牛。

藥用 | 根味苦、辛，性平。能清咽消腫、散瘀
止痛，治咽喉腫痛、風濕關節痛、跌打
損傷、癰腫等。

編語 | 本植物可見於大坑4、5號登山步道，但
量少。

樹杞 | 紫金牛科
Myrsinaceae

Ardisia sieboldii Miq.

別名 | 白無常。

藥用 | 根味苦、辛，性平。能消炎、止痛，治
創傷。

玉山紫金牛／上
小葉樹杞／中
樹杞／下

黑星紫金牛 | 紫金牛科 Myrsinaceae

Ardisia virens Kurz

別名 | 大葉紫金牛。

藥用 | 根味苦、辛，性涼。能清熱解毒、活血消腫、散瘀止痛，治感冒發熱、咽喉腫痛、牙痛口靡、風濕熱痺、胃痛、小兒疳積、跌打腫痛等。

賽山椒 | 紫金牛科 Myrsinaceae

Embelia lenticellata Hayata

別名 | 紅果藤。

藥用 | 根及莖能清熱、解毒、散瘀、止血，治咽喉腫痛、齒齦出血、瘡癤潰瘍、皮膚搔癢、跌打瘀血等。

柿 | 柿樹科 Ebenaceae

Diospyros kaki Thunb.

別名 | 牛心梨、柿仔、紅柿、朱果。

藥用 | (1)根味澀，性平。能涼血、止血，治血崩、血痢、下血等。(2)宿存花萼(稱柿蒂)味苦、澀，性平。能降逆下氣，治咳逆、脹氣等。(3)葉味苦，性寒。能降血壓、止血，治高血壓、咳喘、肺氣腫、各種內出血等。(4)果實味甘、澀，性寒。能清熱、潤肺、止咳，治熱渴、咳嗽、吐血、口瘡、慢性支氣管炎等。

山紅柿 | 柿樹科 Ebenaceae

Diospyros morrisiana Hance

別名 | 油柿、臺灣豆柿、紅花柿、山柿、烏仔柿。

藥用 | 樹皮味苦、澀，性涼。能解毒消炎、收斂止瀉，治食物中毒、泄瀉、痢疾；外用治燒燙傷。

烏皮九芎 | 安息香科 Styracaceae

Styrax formosana Matsum.

別名 | 白樹、烏雞母樹、葉下白、臺灣野茉莉。

藥用 | 根、葉味辛，性微溫。治痰多、咳嗽。

山素英 | 木犀科 Oleaceae

Jasminum nervosum Lour.

別名 | 白茉莉、山四英、白蘇英。

藥用 | 帶根全草味甘、辛，性平。能行血理帶、補腎明目、通經活絡、生肌收斂，治眼疾、咽喉腫痛、急性胃腸炎、風濕關節炎、腳氣、濕疹、梅毒、腰酸、發育不良等。

編語 | 本植物花白，又「英」字有花之意，故名。

山紅柿／上
烏皮九芎／中
山素英／下

日本女貞 | 木犀科 Oleaceae

Ligustrum liukiuense Koidz.

別名 | 女貞木、冬青木、東女貞。

藥用 | 葉味苦、微甘，性涼。能清熱、止瀉，治頭目眩暈、火眼、口瘡、無名腫毒、水火燙傷等。

諺語 | 芽、葉可代茶用，有消暑功能。

阿里山女貞 | 木犀科 Oleaceae

Ligustrum pricei Hayata

別名 | 臺灣女貞。

藥用 | 葉味苦、微甘，性微寒。能散風熱、清頭目、除煩解渴，治頭痛、牙痛、咽喉腫痛、唇瘡、耳鳴、目赤、咯血、暑熱煩渴等。

酸藤 | 夾竹桃科 Apocynaceae

Ecdysanthera rosea Hook. & Arn.

別名 | 白椿根、白漿藤。

藥用 | 全株味酸、微澀，性涼。能清熱解毒、利濕化滯、活血消腫、止痛，治咽喉腫痛、口腔破潰、牙齦炎、慢性腎炎、食滯脹滿、癰腫瘡毒、水腫、泄瀉、風濕骨痛、跌打瘀腫、疔瘡、蛇咬傷等。

上/日本女貞
中/阿里山女貞
下/酸藤

絡石 | 夾竹桃科 Apocynaceae

Trachelospermum jasminoides (Lindl.)
Lemaire

別名 | 絡石藤、石龍藤、臺灣白花藤、鹽酸仔藤。

藥用 | (1)莖及葉味苦，性涼。能祛風、通絡、止血、消瘀，治風濕、吐血、跌打等。(2)莖藤味苦，性微寒。能祛風通絡、涼血消腫，治風濕熱痹、筋脈拘攣、腰膝酸痛、喉痹、癰腫、跌打等。

編語 | 本植物的葉背有毛、花萼先端與花冠筒分離，可與同屬植物細梗絡石(*T. gracilipes* Hook. f.)區別。

馬利筋 | 蘿藦科 Asclepiadaceae

Asclepias curassavica L.

別名 | 尖尾鳳、蓮生桂子花、芳草花。

藥用 | 全草味苦，性寒，有毒。能清熱解毒、活血止血、消腫止痛，治肺熱咳嗽、咽喉腫痛、痰喘、熱淋、小便淋痛、崩漏、帶下、月經不調、癰瘡腫毒、濕疹、頑癬、外傷出血等。

編語 | 大坑中正露營區栽培本種，以作為蝴蝶之蜜源植物。

隱鱗藤 | 蘿藦科 Asclepiadaceae

Cryptolepis sinensis (Lour.) Merr.

別名 | 白葉藤。

藥用 | 全草味甘、淡，性涼，有小毒。能清熱解毒、散瘀止痛、止血，治肺癆(肺熱)咯血、胃出血、毒蛇咬傷、瘡毒潰瘍、疔瘡、跌打損傷等。

絡石/上
馬利筋/中
隱鱗藤/下

華他卡藤 | 蘿藦科 Asclepiadaceae

Dregea volubilis (L. f.) Benth. *ex* Hook. f.

別名|南山藤、苦菜藤、苦涼菜、木通藤、羊角藤。

藥用|全株(或塊莖)味苦、辛,性涼。能祛風、除濕、止痛、清熱、和胃,治感冒、風濕關節痛、腰痛、妊娠嘔吐、食道癌、胃癌等。

編語|大坑中正露營區栽培本種,以作為蝴蝶之蜜源植物。

武靴藤 | 蘿藦科 Asclepiadaceae

Gymnema sylvestre (Retz.) Schult.

別名|羊角藤。

藥用|(1)根或藤莖味苦,性平。能消腫止痛、清熱涼血、生肌,治糖尿病;外用治多發性膿腫、深部膿瘍、乳腺炎、癰瘡腫毒、槍傷等。(2)葉亦可降血糖。

編語|本植物具有良好降血糖作用,有「血糖殺手」之稱。

絨毛芙蓉蘭 | 蘿藦科 Asclepiadaceae

Marsdenia tinctoria R. Br.

別名|芙蓉蘭。

藥用|莖味辛、苦,性溫。能祛風除濕、化瘀散結,治風濕骨痛、肝腫大等。

上/華他卡藤
中/武靴藤
下/絨毛芙蓉蘭

澳洲菟絲 | 旋花科 Convolvulaceae

Cuscuta australis R. Br

別名 | 菟絲、豆虎、無根草、無娘藤、金線草。

藥用 | 種子味辛、甘，性平。能補腎益精、養肝明目、固胎止泄，治腰膝酸痛、遺精、陽萎、早泄、不育、淋濁、遺尿、目昏耳鳴、胎動不安、流產、泄瀉、糖尿病等。

亨利氏伊立基藤 | 旋花科 Convolvulaceae

Erycibe henryi Prain

別名 | 伊立基藤、臺灣丁公藤。

藥用 | 全草味辛，性溫，有毒。能祛風除濕、舒筋活絡、消腫止痛，治關節炎、坐骨神經痛、半身不遂、跌打損傷、無名腫毒、青光眼等。

五爪金龍 | 旋花科 Convolvulaceae

Ipomoea cairica (L.) Sweet

別名 | 槭葉牽牛花、番仔藤、碗公花、臺灣牽牛花。

藥用 | 莖、葉味甘，性寒，有毒。能清熱解毒、利水通淋、止咳止血，治癰疽腫毒、肺熱咳嗽、尿血、淋症、水腫、小便不利等。

編語 | 臺灣早期鄉間曾取本植物的藤莖煮水洗頭。

澳洲菟絲／上
亨利氏伊立基藤／中
五爪金龍／下

杜虹花 | 馬鞭草科
Verbenaceae

Callicarpa formosana Rolfe

別名 | 粗糠仔、白粗糠、臺灣紫珠。

藥用 | 根或粗莖(藥材稱粗糠仔或白粗糠)味苦、澀，性平。能滋補腎水、清血去瘀，治風濕、手腳酸軟無力、下消、白帶、咽喉腫痛、神經痛、眼疾、呼吸道感染、扁桃腺炎、肺炎、支氣管炎、咳血、吐血、流鼻血、創傷出血、糖尿病等。

白毛臭牡丹 | 馬鞭草科
Verbenaceae

Clerodendrum canescens Wall. ex Walpers

別名 | 灰毛大青、天燈籠、獅子球。

藥用 | 全株味甘、淡，性涼。能養陰清熱、宣肺祛痰、涼血止痛，治感冒高熱、肺癆、痢疾、帶下、風濕疼痛、經痛等；外用治乳瘡。

大青 | 馬鞭草科
Verbenaceae

Clerodendrum cyrtophyllum Turcz.

別名 | 鴨公青、觀音串、埔草樣、臭腥仔、細葉臭牡丹、搖子菜。

藥用 | 根及莖(藥材稱觀音串)味苦，性寒。能清熱解毒、祛風除濕，治腦炎、腸炎、黃疸、咽喉腫痛、感冒頭痛、麻疹併發咳喘、痄腮、傳染性肝炎、痢疾、淋症、婦人產後口渴(可與荔枝殼併用)等。

上/杜虹花
中/白毛臭牡丹
下/大青

龍船花 │ 馬鞭草科 Verbenaceae

Clerodendrum kaempferi (Jacq.) Siebold ex Steud.

別名│圓錐大青、蛇痀花。

藥用│根及粗莖味苦，性寒。能調經、理氣，治月經不調、赤白帶下、淋病、腰酸背痛、糖尿病等。

黃荊 │ 馬鞭草科 Verbenaceae

Vitex negundo L.

別名│埔姜仔、不驚茶、牡荊、埔姜、埔荊茶。

藥用│(1)根、莖、葉味苦，性平。能清熱截瘧、化痰止咳，治咳嗽痰喘、瘧疾、肝炎等。(2)果實味辛、苦，性溫。能祛風、除痰、行氣、止痛，治感冒咳嗽、哮喘、風痹、瘧疾、胃痛、疝氣、痔瘡等。

編語│本植物枝葉芳香，民間視為避邪植物。

烏甜 │ 馬鞭草科 Verbenaceae

Vitex quinata (Lour.) F. N. Williams

別名│大牡荊、烏甜樹、山埔姜、薄姜木。

藥用│(1)根皮味苦、辛，性平。能宣肺排膿、止咳定喘、鎮靜退熱，治咳嗽痰喘、氣促、小兒發熱、煩躁不安等。(2)葉味苦、辛，性涼。能清熱、解表、涼血，治風熱感冒。

龍船花／上
黃荊／中
烏甜／下

紅絲線 | 茄科 Solanaceae

Lycianthes biflora (Lour.) Bitter

別名｜雙花龍葵、金吊鈕、紅子仔菜、耳鉤草、毛藥、野苦菜。

藥用｜全草味淡,性微涼。能清熱、解毒,治狂犬咬傷、感冒、咳嗽、骨鯁等。

編語｜本植物的花萼有10枚線狀齒裂,這部分數字恰為龍葵的2倍,故又名「雙花龍葵」。

櫻桃小番茄 | 茄科 Solanaceae

Lycopersicon esculentum Mill. var. *cerasiforme* (Dunal) A. Gray

別名｜野蕃茄、小蕃茄。

藥用｜果實味酸、甘,性微寒。能生津止渴、健胃消食,治食慾不振、口渴、高血壓等。

編語｜本植物的果實直徑小於2公分,而其原種「番茄」(*L. esculentum* Mill.)的果實直徑則大於2公分。

山菸草 | 茄科 Solanaceae

Solanum erianthum D. Don

別名｜土煙、山番仔煙、蚊仔煙、樹茄、假煙葉樹。

藥用｜全株味辛,性溫,有毒。能消腫、殺蟲、止癢、止血、止痛、行氣、生肌,治癰瘡腫毒、蛇傷、濕疹、腹痛、骨折、跌打腫痛、小兒泄瀉、陰挺、外傷出血、皮膚炎、風濕痺痛、外傷感染等。

上／紅絲線
中／櫻桃小番茄
下／山菸草

龍葵 | 茄科 Solanaceae
Solanum nigrum L.

別名｜黑子仔菜、苦菜、苦葵、天茄子、烏子
仔草、烏子茄、烏甜菜。

藥用｜(1)全草味苦，微甘，性寒，有小毒。
能清熱解毒、消腫散結、活血利尿、抗
癌，治癰腫、丹毒、腸胃癌、疔瘡、跌
打、慢性咳嗽痰喘、水腫等。(2)成熟
果實可治扁桃腺炎、疔瘡。(3)種子能
明目、鎮咳、祛痰，治乳蛾、疔瘡等。

編語｜(1)本植物之未成熟果實因含大量
HCN，有抑制呼吸中樞之危險，不可
食用。(2)本種萼片於果時反折向下，
植物界目前已更正其名稱為光果龍葵
(*S. americanum* Mill.)，而真正的龍
葵，其萼片為平伸或伏貼，但大陸中醫
藥相關文獻至今未更改，此處從之。

萬桃花 | 茄科 Solanaceae
Solanum torvum Swartz

別名｜土煙頭、水茄、柳葉茄。

藥用｜根味辛，性微涼，有小毒。能消腫、活
血、止痛、止咳、發汗、通經，治感
冒、久咳、胃痛、牙痛、痧症、經閉、
跌打瘀痛、腰肌勞損、癧瘡、癰腫等。

釘地蜈蚣 | 玄參科 Scrophulariaceae
Torenia concolor Lindl.

別名｜倒地蜈蚣、地蜈蚣、四角銅鐘、四角銅
鑼、草色蝴蝶草。

藥用｜全草味苦，性涼。能清熱、解毒、利
濕、止咳、和胃、止嘔、化瘀，治嘔
吐、黃疸、血淋、風熱咳嗽、腹瀉、跌
打損傷、疔毒等。

編語｜通常傷科常用藥材「釘地蜈蚣」非指本
品，而是蕨類植物錫蘭七指蕨的根莖。

龍葵/上
萬桃花/中
釘地蜈蚣/下

尖舌草 | 苦苣苔科 Gesneriaceae

Rhynchoglossum obliquum Blume var. *hologlossum* (Hayata) W. T. Wang

別名 | 尖舌苣苔、全唇尖舌苣苔。

藥用 | 全草味鹹,性平。能軟堅散結,治甲狀腺腫大。

編語 | 本品煎湯內服用量為9～15公克。

狗肝菜 | 爵床科 Acanthaceae

Dicliptera chinensis (L.) Juss.

別名 | 青蛇仔、跛邊青、本地羚羊。

藥用 | 全草味微苦,性寒。能清熱解毒、涼血利尿、清肝熱、生津,治感冒發熱、癤腫、目赤腫痛、小便淋瀝、痢疾等。

爵床 | 爵床科 Acanthaceae

Justicia procumbens L.

別名 | 小鼠尾紅、鼠尾癀、鼠筋紅、風尾紅。

藥用 | 全草味鹹、辛,性寒,有小毒。能清熱解毒、利濕消滯、活血止痛,治感冒發熱、痢疾、黃疸、跌打等。

上/尖舌草
中/狗肝菜
下/爵床

翼柄鄧伯花 | 爵床科 Acanthaceae

Thunbergia alata Bojer ex Sims

別名 | 黑眼花、翼葉山牽牛、翼葉老鴉嘴。

藥用 | 全株味甘、辛，性平。能消腫、止痛，治跌打腫痛。

諺語 | 鮮葉搗敷胸部，可治頭痛。

大花鄧伯花 | 爵床科 Acanthaceae

Thunbergia grandiflora (Roxb. ex Rotter) Roxb.

別名 | 大鄧伯花、大花老鴉嘴、(大花)山牽牛、通骨消。

藥用 | (1)根味微辛，性平。能祛風，治風濕、跌打、骨折。(2)根皮、莖、葉味甘，性平。能消腫止痛、排膿生肌，治跌打損傷、骨折、蛇咬傷、瘡癤等。

車前草 | 車前科 Plantaginaceae

Plantago asiatica L.

別名 | 五斤草、臺灣車前、錢貫草。

藥用 | (1)種子(藥材稱車前子)味甘，性微寒。能清熱、利尿、明目、祛痰，治水腫脹滿、熱淋澀痛、暑濕瀉痢、目赤腫痛、痰熱咳嗽等。(2)全草味甘，性寒。能清熱、利尿、祛痰、涼血、解毒，治水腫、尿少、熱淋澀痛、暑濕瀉痢、痰熱咳嗽、吐血、流鼻血、癰腫、瘡毒等。

翼柄鄧伯花／上
大花鄧伯花／中
車前草／下

對面花 | 茜草科 Rubiaceae

Randia spinosa (Thunb.) Poir.

別名 | 山石榴、山菝仔、洗衫芭樂、豬頭果。

藥用 | 根、葉或果實味苦、澀，性涼，有毒。
能散瘀、消腫、解毒、止血，治跌打瘀
腫、外傷出血、瘡疥、腫毒等。

編語 | 本品多外用，少見內服。

鴨舌癀舅 | 茜草科 Rubiaceae

Spermacoce articularis L. f.

別名 | 茶匙癀、鴨舌癀。

藥用 | 全草味甘、淡，性平。外敷魚骨刺傷。

狗骨仔 | 茜草科 Rubiaceae

Tricalysia dubia (Lindl.) Ohwi

別名 | 狗骨柴、狗骨子、三萼木。

藥用 | 根味苦，性涼。能消腫散結、解毒排
膿，治瘰癧、背癰、頭瘡、跌打損傷
等。

上/對面花
中/鴨舌癀舅
下/狗骨仔

裡白忍冬 | 忍冬科 Caprifoliaceae

Lonicera hypoglauca Miq.

別名 (紅星)金銀花、紅星忍冬、腺葉忍冬、菰腺忍冬、山銀花。

藥用 花蕾味甘，性涼。能清熱解毒、疏散風熱，治風熱感冒、咽喉腫痛、風熱咳喘、泄瀉、丹毒等。

編語 本植物的葉片下表面具有紅色線點。

冇骨消 | 忍冬科 Caprifoliaceae

Sambucus chinensis Lindl.

別名 七葉蓮、陸英、臺灣蒴藋、接骨草。

藥用 全草味甘、酸，性溫，有小毒。能消腫解毒、利尿解熱、活血止痛，治肺癰、風濕性關節炎、無名腫毒、腳氣浮腫、泄瀉、黃疸、咳嗽痰喘等；外用治跌打損傷、骨折。

呂宋莢蒾 | 忍冬科 Caprifoliaceae

Viburnum luzonicum Rolfe

別名 紅子仔、細葉大柴樹、福州莢、羅蓋葉。

藥用 莖葉味辛，性溫。能祛風、除濕、活血，治風濕痹痛、跌打損傷等。

裡白忍冬／上
冇骨消／中
呂宋莢蒾／下

雙輪瓜 | 葫蘆科 Cucurbitaceae

Diplocyclos palmatus (L.) C. Jeffrey

別名 | 毒瓜、花瓜。

藥用 | (1)塊莖味苦，性平，有毒。治瘡癤。
(2)全草可治淋症。

野苦瓜 | 葫蘆科 Cucurbitaceae

Momordica charantia L. var. *abbreviata* Ser.

別名 | 小苦瓜、山苦瓜。

藥用 | 果實味苦，性寒。能清暑、解熱、明目、解毒，治熱病煩渴、糖尿病、中暑、痢疾、目赤腫痛、癰腫、丹毒等。

編語 | 本植物的果實不像苦瓜多肉質，其應用於食療可採燉排骨煮湯飲或直接煮茶喝。

普剌特草 | 桔梗科 Campanulaceae

Lobelia nummularia Lam.

別名 | 老鼠拖秤錘、銅錘草、銅錘玉帶草。

藥用 | 全草味苦、辛、甘，性平。能清熱解毒、活血化瘀、祛風除濕，治肺虛久咳、喉嚨痛、高尿酸、風濕關節痛、跌打損傷、乳癰、無名腫毒等。

編語 | 本植物治高尿酸時，常見取鮮品直接打汁飲服。

上/雙輪瓜
中/野苦瓜
下/普剌特草

紫花藿香薊 | 菊科
Compositae

Ageratum houstonianum Mill.

別名 | 墨西哥香薊、牛屎草。

藥用 | 全草味微苦，性涼。能清熱、解毒，治中耳炎。

編語 | 本植物的嫩葉汁液可治各種切割傷。

薄葉艾納香 | 菊科
Compositae

Blumea aromatica DC.

別名 | 馥芳艾納香。

藥用 | 全草味辛、微苦，性溫。能祛風、除濕、消腫、止血、止癢，治風濕關節痛、濕疹、皮膚搔癢、外傷出血等。

編語 | 本植物密被毛，且芳香。

昭和草 | 菊科
Compositae

Crassocephalum crepidioides (Benth.) S.
Moore

別名 | 饑荒草、野木耳菜、野茼蒿、山茼蒿。

藥用 | 全草味辛，性平。能解熱、健胃、消腫、利二便，治腹痛

編語 | 本植物的嫩莖葉可炒食，為野菜中之極品。

紫花藿香薊／上
薄葉艾納香／中
昭和草／下

毛蓮菜 | 菊科 Compositae

Elephantopus mollis Kunth

別名 | 白花丁豎杇、白燈豎杇、地膽頭。

藥用 | 全草味苦,性涼。能利尿、抗炎,治腎炎、淋病、糖尿病等。

鼠麴舅 | 菊科 Compositae

Gnaphalium purpureum L.

別名 | 匙葉鼠麴草、鼠麴、鼠麴草舅、擬天青地白、清明草。

藥用 | 全草味甘,性平。能補脾健胃、祛痰止咳、利濕消腫、固肺降壓,治風寒感冒、咳嗽、痰多、哮喘、腹瀉、痢疾、小兒積食、高血壓等。

編語 | 治哮喘、喘咳,取鼠麴舅乾品4兩、豬赤肉4兩或豬排骨半斤,全水燉3枝香久,分做3次服。

兔兒菜 | 菊科 Compositae

Ixeris chinensis (Thunb.) Nakai

別名 | 小金英、苦尾菜、蒲公英、鵝仔草、鵝仔菜、兔仔菜。

藥用 | 全草味苦,性涼。能清熱解毒、涼血止血、調經止痛、祛腐生肌、活血、瀉火,治無名腫毒、陰囊濕疹、風熱咳嗽、泄瀉、痢疾、吐血、流鼻血、跌打骨折、肺炎、肺癰、尿道結石、毒蛇咬傷等。

編語 | 本品味極苦,曾為民間盛行之抗癌藥材。

上／毛蓮菜
中／鼠麴舅
下／兔兒菜

小舌菊 | 菊科 Compositae

Microglossa pyrifolia (Lam.) Kuntze

別名｜蔓綿菜、白面風。

藥用｜全草味苦，性寒。能消腫、解表、生肌、明目，治瘡疥、膿腫等。

蔓澤蘭 | 菊科 Compositae

Mikania cordata (Burm. f.) B. L. Rob.

別名｜小花蔓澤蘭、蔓菊、薇甘菊、薇金菊。

藥用｜地上部分味苦，性寒。臺灣民間取其治療肺癌。

編語｜本植物生長快速，極易危害生長地的生物多樣性，故被列為世界上最有害的100種外來入侵物種之一，被稱為「綠癌」、「綠色福壽螺」或「頭號植物殺手」。

豨薟 | 菊科 Compositae

Siegesbeckia orientalis L.

別名｜小豬豨薟、毛梗豨薟、黏糊草、鎮靜草、感冒草。

藥用｜全草味苦，性寒。能袪風濕、利筋骨、降血壓，治風濕性關節炎、四肢麻木、腰膝無力、半身不遂、肝炎等；外用治疔瘡腫毒。

編語｜豨音為ㄒㄧ，即豬的意思。薟音為ㄒㄧㄢ。

小舌菊／上
蔓澤蘭／中
豨薟／下

苦苣菜 ｜ 菊科 Compositae

Sonchus arvensis L.

別名｜牛舌癀、苦菜、大號山苦賈、苣蕒菜、山鵝仔菜。

藥用｜全草味苦，性涼。能清熱、解毒、消炎，治咽喉腫痛、痢疾、白濁、遺精、乳腺炎、闌尾炎、火燙傷等。

編語｜治腸癰，取苦苣菜120公克、忍冬藤60公克、甘草30公克，水煎服。

金腰箭 ｜ 菊科 Compositae

Synedrella nodiflora (L.) Gaert.

別名｜節節菊、萬花鬼箭。

藥用｜全草味微辛，性涼。能清熱解毒、涼血散毒，治瘟痧、感冒發熱等；外用治瘡瘍腫毒、瘡疥。

黃鵪菜 ｜ 菊科 Compositae

Youngia japonica (L.) DC.

別名｜山根龍、山菠薐、罩壁癀、苦菜藥、黃花菜。

藥用｜全草味甘、微苦，性涼。能清熱解毒、利尿消腫、止痛、解胃熱，治咽喉腫痛、乳腺炎、尿道炎、牙痛、小便不利、腸胃炎、肝硬化腹水、瘡癤腫毒等。

上／苦苣菜
中／金腰箭
下／黃鵪菜

藥用植物之形態術語

這部分主要針對藥用植物之花、果實、種子、根、莖、葉各部位之形態術語詳加介紹，以使讀者們於研習藥用植物形態時，能更容易了解文字中的「專有名詞」，而這些名詞也是植物分類學之基礎，此單元同時搭配了許多圖片，適合作為導覽解說員於野外講解時的輔助教材。

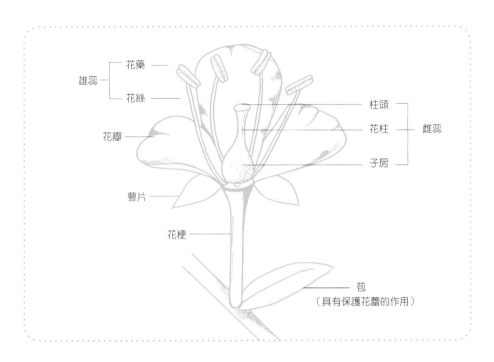

一、花的組成

　　包括花梗、花托、萼片、花瓣、雄蕊、雌蕊等。其中雄蕊和雌蕊是花中最重要的部分，具生殖功能。全部花瓣合稱花冠，通常色澤豔麗。全部萼片合稱花萼，位於花之最外層，常為綠色。花萼與花冠則合稱花被，具保護和引誘昆蟲傳粉等作用，一般於花萼及花冠形態相近混淆時，才使用「花被」作為代用名詞，例如：百合科植物之花萼常呈花瓣狀，所以，描述該科植物之花時，多以「花被6枚，呈內外2輪」之字樣，而極少單獨以「花萼」

(前述之外輪花被)或「花冠」(前述之內輪花被)作為用詞。花梗及花托則有支持作用。

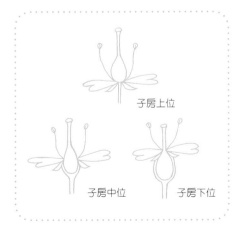

子房上位

子房中位　　　　子房下位

※子房位置：即子房和花被、雄蕊之相對位置，子房位於花被與雄蕊連接處之上方者稱子房上位，若子房位於下方者稱子房下位，而子房位置居中間者稱子房中位。其演化順序乃依上位、中位至下位。

二、花冠種類

可粗分為離瓣花冠及合瓣花冠兩類，前者之花瓣彼此完全分離，這類花則稱離瓣花；後者之花瓣彼此連合，這類花則稱合瓣花，但未必完全連合，此時連合部分稱花冠筒，分離部分稱花冠裂片。花冠常有多種形態，有的則為某類植物獨有的特徵，常見者有下列幾種：

1. **十字形花冠**：花瓣4枚，分離，上部外展呈十字形，如：十字花科植物。

2. **蝶形花冠**：花瓣5枚，分離，上面一枚位於最外方且最大稱旗瓣，側面二枚較小稱翼瓣，最下面二枚其下緣通常稍合生，並向上彎曲稱龍骨瓣。如：豆科中蝶形花亞科(Papilionoideae)植物等。

3. **唇形花冠**：花冠基部筒狀，上部呈二唇形，如：唇形科植物。

4. **管狀花冠**：花冠合生成管狀，花冠筒細長，如：菊科植物的管狀花。

5. **舌狀花冠**：花冠基部呈一短筒，上部向一側延伸成扁平舌狀，如：菊科植物的舌狀花。

6. **漏斗狀花冠**：花冠筒較長，自下向上逐漸擴大，上部外展呈漏斗狀，如：旋花科植物。

7. **高腳碟狀花冠**：花冠下部細長管狀，上部水平展開呈碟狀，如：長春花。

8. **鐘狀花冠**：花冠筒寬而較短，上部裂片擴大外展似鐘形，如：桔梗科植物。

十字形花冠　　　　　蝶形花冠

唇形花冠　　　　管狀花冠　　　　舌狀花冠　　　漏斗狀花冠

花距 ——

高腳碟狀花冠　　　鐘狀花冠　　　　輻狀花冠　　　　距狀花冠

9.輻狀(或稱輪狀)花冠：花冠筒甚短而廣展，裂片由基部向四周擴展，形似車輪狀，如：龍葵、番茄等部分茄科植物。

10.距狀花冠：花瓣基部延長成管狀或囊狀，如：鳳仙花科植物。

三、花序種類

花序指花在花軸上排列的方式，但某些植物的花則單生於葉腋或枝的頂端，稱單生花，如：扶桑、洋玉蘭、牡丹等。花序的總花梗或主軸，稱花序軸(或花軸)，花序軸可以分枝或不分枝。花序上的花稱小花，小花的梗稱小花梗。依花在花軸上排列的方式及開放順序，可將花序分類如下：

(一)無限花序：

即在開花期內，花序軸頂端繼續向上成長，並產生新的花蕾，而花的開放順序是花序軸基部的花先開，然後逐漸向頂端開放，或由邊緣向中心開放，稱之。

1.穗狀花序：花序軸單一，小花多數，無梗或梗極短，如：車前草、青葙等。

2.總狀花序：似穗狀花序，但小花明顯有梗，如：毛地黃、油菜等。

3.葇荑花序：似穗狀花序，但花序軸下垂，各小花單性，如：構樹、小葉桑的雄花序。

4.肉穗花序：似穗狀花序，但花序軸肉質肥大呈棒狀，花序外圍常有佛焰花苞保護，如：半夏、姑婆芋等天南星科植物。

5.繖房花序：似總狀花序，但花梗不等長，下部者最長，向上逐漸縮短，使整個花序的小花幾乎排在同一平面上，如：蘋果、山楂等。

6.繖形花序：花序軸縮短，小花著生於總花梗頂端，小花梗幾乎等長，整個花序排列像傘形，如：人參、五加等。

7.頭狀花序：花序軸極縮短，頂端並膨大

穗狀花序　　總狀花序　　葇荑花序　　佛焰花苞　　肉穗花序

繖房花序　　繖形花序　　頭狀花序　　隱頭花序

圓錐花序　　　　複繖形花序

成盤狀或頭狀的花序托，其上密生許多無梗小花，下面常有1至數層苞片所組成的總苞，如：菊花、向日葵、咸豐草等菊科植物。

8.隱頭花序：花序軸肉質膨大且下凹，凹陷內壁上著生許多無柄的單性小花，只留一小孔與外界相通，如：薜荔、無花果、榕樹等榕屬(*Ficus*)植物。

　　上述花序的花序軸均不分枝，但某些無限花序的花序軸則分枝，常見的有圓錐花序及複繖形花序，前者在長的花序軸上分生許多小枝，每小枝各自形成1個總狀花序或穗狀花序，整個花序呈圓錐狀，如：芒果、白茅等；後者之花序軸頂端叢生許多幾乎等長的分枝，各分枝再各自形成1個繖形花序，如：柴胡、胡蘿蔔、芫荽等。

(二)有限花序：

　　花序軸頂端的小花先開放，致使花序無法繼續成長，只能在頂花下面產生側軸，各花由內而外或由上向下逐漸開放，稱之。

1.單歧聚繖花序：花序軸頂端生1朵花，先開放，而後在其下方單側產生1側軸，側軸頂端亦生1朵花，這樣連續分

枝便形成了單歧聚繖花序。若分枝呈左右交替生出，而呈蠍子尾狀者，稱蠍尾狀聚繖花序，如：唐菖蒲。若花序軸分枝均在同一側生出，而呈螺旋狀捲曲，稱螺旋狀聚繖花序，又稱卷繖花序，如：紫草、白水木、藤紫丹等。但有的學者亦稱螺旋狀聚繖花序為蠍尾狀，臺灣植物文獻幾乎都如此。

最簡單的聚繖花序形式，是由3朵花所組成　　　蠍尾狀聚繖花序屬單歧聚繖花序

螺旋狀聚繖花序屬於單歧聚繖花序　　　二歧聚繖花序

2.二歧聚繖花序：花序軸頂花先開，在其下方兩側各生出1等長的分枝，每分枝以同樣方式繼續分枝與開花，稱二歧聚傘花序。如：石竹。

3.多歧聚繖花序：花序軸頂花先開，頂花下同時產生3個以上側軸，側軸比主軸長，各側軸又形成小的聚傘花序，稱多歧聚傘花序。若花序軸下另生有杯狀總苞，則稱為杯狀聚繖花序，簡稱杯狀花

序,又因其為大戟屬(*Euphorbia*)特有的花序類型,故又稱為大戟花序,如:猩猩木、大飛揚等,但該屬現又將葉對生者,獨立成地錦草屬(*Chamaesyce*),大飛揚即為其中一例。

4.**輪繖花序**:聚繖花序生於對生葉的葉腋,而成輪狀排列,如:益母草、薄荷等唇形科植物。

四、果實

種類多樣,有的亦為某類植物獨有的特徵,其分類如下:

(一)依花的多寡所發育成的果實,可分為下列3類:

1.**單果**:由單心皮或多心皮合生雌蕊所形成的果實,即一朵花只結成1個果實。單果可分為乾燥而少汁的乾果及肉質而多汁的肉質果兩大類。乾果又分為成熟後會開裂的與不開裂的兩類。

2.**單花聚合果**:由1朵花中許多離生心皮雌蕊形成的果實,每個雌蕊形成1個

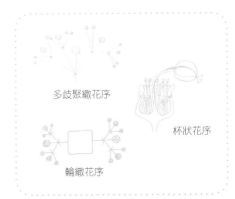

多歧聚繖花序

杯狀花序

輪繖花序

單果,聚生於同一花托上,簡稱聚合果。而依其花托上單果類型的不同,可分為聚合蓇葖果,如:掌葉蘋婆、八角茴香;聚合瘦果,如:毛茛、草莓;聚合核果,如:懸子類;聚合堅果,如:蓮;聚合漿果,如:南五味。

3.**多花聚合果**:由整個花序(多朵花)發育成的果實,簡稱聚花果,又稱複果,如:鳳梨、桑椹。而桑科榕屬的隱頭果亦屬此類,如:無花果、薜荔。

蓖麻果實屬於單果,且為成熟後會開裂的乾果

蓮的果實屬於單花聚合果中的聚合堅果

桑椹屬於多花聚合果

(二)開裂的乾果主要有：

1.蓇葖果：由單一心皮或離生心皮所形成，成熟後僅單向開裂。但1朵花只形成單個蓇葖果的較少，如：淫羊藿；1朵花形成2個蓇葖果的，如：長春花、鷗蔓；1朵花形成數個聚合蓇葖果的，如：八角茴香、掌葉蘋婆。

2.莢果：由單一心皮所形成，成熟後常雙向開裂，其為豆科植物所特有的果實。但也有些成熟時不開裂的，如：落花生；有的在莢果成熟時，種子間呈節節斷裂，每節含1種子，不開裂，如：豆科的山螞蝗屬(*Desmodium*)植物；有的莢果呈螺旋狀，並具刺毛，如：苜蓿。

3.角果：由2心皮所形成，在生長過程中，2心皮邊緣合生處會生出隔膜，將子房隔為2室，此隔膜稱假隔膜，種子著生在假隔膜兩側，果實成熟後，果皮沿兩側腹縫線開裂，呈2片脫落，假隔膜仍留於果柄上。角果依長度還分為長角果(如：蘿蔔、西洋菜)及短角果(如：薺菜)，其為十字花科植物所特有的果實。

4.蒴果：由多心皮所形成，子房1至多室，每室含多數種子，成熟時以種種方式開裂。

5.蓋果：為一種蒴果，果實成熟時，由中部呈環狀開裂，上部果皮呈帽狀脫落，此稱蓋裂，如：馬齒莧、車前草等。

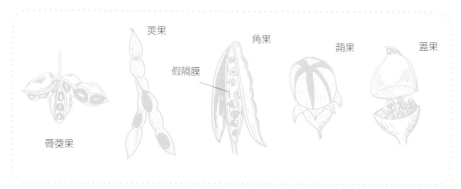

莢果　角果　蒴果　蓋果　假隔膜　蓇葖果

(三)不開裂的乾果主要有：

1.瘦果：僅具有單粒種子，成熟時果皮易與種皮分離，不開裂，如：白頭翁；菊科植物的瘦果是由下位子房與萼筒共同形成的，稱連萼瘦果，又稱菊果，如：蒲公英、向日葵、大花咸豐草等。

瘦果　穎果

2.**穎果**：果實內亦含單粒種子，果實成熟時，果皮與種皮癒合，不易分離，其為禾本科植物所特有的果實，如：稻、玉米、小麥等。

3.**堅果**：種子單一，並具有堅硬的外殼(果皮)。而殼斗科植物的堅果，常有由花序的總苞發育成的殼斗附著於基部，如：青剛櫟、油葉石櫟、栗子等。但某些植物的堅果特小，無殼斗包圍，稱小堅果，如：益母草、薄荷、康復力等。

4.**翅果**：具有幫助飛翔的翼，翼有單側、兩側或沿著週邊產生，果實內含1粒種子，如：槭樹科植物。

5.**雙懸果**：由2心皮所形成，果實成熟後，心皮分離成2個分果，雙雙懸掛在心皮柄上端，心皮柄的基部與果梗相連，每個分果各內含1粒種子，如：當歸、小茴香、蛇床子等。雙懸果為繖形科植物特有的果實。

6.**胞果**：由合生心皮雌蕊上位子房所形成，果皮薄，膨脹疏鬆地包圍種子，而

使果皮與種皮極易分離，如：臭杏、裸花鹼蓬、馬氏濱藜等。

(四)肉質果類：

果皮肉質多漿，成熟時不裂開。

1.**漿果**：由單心皮或多心皮合生雌蕊，上位或下位子房發育形成的果實，外果皮薄，中果皮及內果皮肉質多漿，內有1至多粒種子，如：枸杞、番茄等。

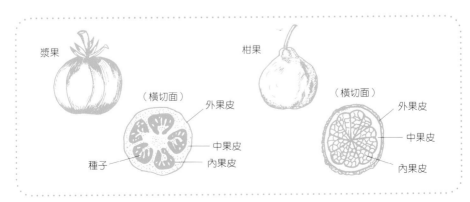

2.**柑果**：為漿果的一種，由多心皮合生雌
蕊，上位子房形成的果實，外果皮較
厚，革質，內富含具揮發油的油室，中
果皮與外果皮結合，界限不明顯，中果
皮疏鬆，白色海綿狀。內果皮多汁分
瓣，即為可食部分。柑果為芸香科柑橘
屬（*Citrus*）所特有的果實，如：柳丁、
柚、橘、檸檬等。

3.**核果**：由單心皮雌蕊，上位子房形成的
果實，內果皮堅硬、木質，形成堅硬的
果核，每核內含1粒種子。外果皮薄，
中果皮肉質。如：桃、梅等。

4.**梨果**：為一種假果，由5個合生心皮、下
位子房與花筒一起發育形成，肉質可食部
分是原來的花筒發育而成的，其與外、中
果皮之間界限不明顯，但內果皮堅韌，
故較明顯，常分隔成2～5室，每室常含
種子2粒，如：梨、蘋果、山楂等。

5.**瓠果**：為一種假果，由3心皮合生雌
蕊，具側膜胎座的下位子房與花托一起
發育形成的，花托與外果皮形成堅韌的
果實外層，中、內果皮及胎座肉質部

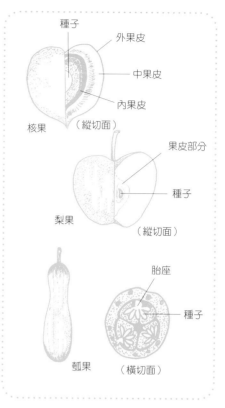

種子
外果皮
中果皮
內果皮
核果　　　（縱切面）

果皮部分
種子
梨果　　　（縱切面）

胎座
種子
瓠果　　　（橫切面）

分，則成為果實的可食部分。瓠果為葫
蘆科特有的果實，如：絲瓜、冬瓜、羅
漢果等。

五、種子

　　由植物之胚珠受精後發育而成的，其
形狀、大小、顏色、光澤、表面紋理、附
屬物等會隨植物種類不同而異，有時亦可
作為植物特徵之一。

1.**形狀**：有圓形、橢圓形、腎形、卵形、
圓錐形、多角形等。

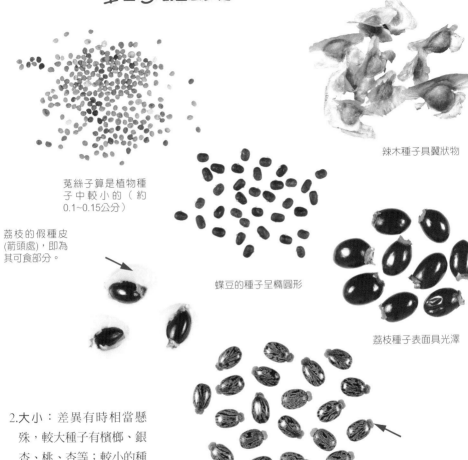

辣木種子具翼狀物

菟絲子算是植物種
子中較小的（約
0.1~0.15公分）

荔枝的假種皮
(箭頭處)，即為
其可食部分。

蝶豆的種子呈橢圓形

荔枝種子表面具光澤

蓖麻種子表面具暗褐色斑
紋，並具種阜(箭頭處)，形如
牛蜱。

2.**大小**：差異有時相當懸
殊，較大種子有檳榔、銀
杏、桃、杏等；較小的種
子有菟絲子、葶藶子等；
極小的有白芨、天麻等。

3.**顏色**：許多植物種子的色彩極富多樣
性，例如：綠豆為綠色，刀豆為粉紅
色，白鳳豆為白色，雞母珠(相思的種子)
則半紅半黑，薏蘿的種子呈黑色。

4.**光澤**：有的表面光滑，如：孔雀豆、望江
南、荔枝；有的表面粗糙，如：天南星。

5.**表面紋理**：蓖麻種子表面具暗褐色斑

紋，倒地鈴種子表面具白色心形圖案。

6.**具附屬物**：黑板樹種子具毛狀物，辣木
種子具翼狀物，木棉種子密被棉毛。

7.**其他**：有的種皮外尚有假種皮，且呈肉
質，如：龍眼、荔枝；某些植物的外種
皮，在珠孔處由珠被擴展形成海綿狀突
起物，稱種阜，如：蓖麻、巴豆。

六、根

有吸收、輸導、支持、固著、貯藏及繁殖等功能,具有向地性、向濕性和背光性等特點,其吸收作用主要靠根毛或根的幼嫩部分進行,根通常呈圓柱形,生長在土壤中,形態上,根無節和節間之分,一般不生芽、葉及花,細胞中也不含葉綠體。

(一)根之類型:

1. **主根及側根**:植物最初長出的根,乃由種子的胚根直接發育而來的,這種根稱為主根。在主根側面所長出的分枝,則稱側根。在側根上再長出的小分枝,稱纖維根。

2. **定根及不定根**:此乃依據根的發生起源來分類。主根、側根與纖維根都是直接或間接由胚根生長出來的,具固定的生長部位,故稱為定根,如:人參、甘草、黃耆的根。但某些植物的根並不是直接或間接由胚根所形成的,而是從其莖、葉或其他部位長出的,這些根的產生沒有一定的位置,故稱不定根,如:玉蜀黍、稻、麥的主根

假人參的根系屬於直根系,其各級根之間的界限相當明顯。

於種子萌發後不久即枯萎,而另從其莖的基部節上長出許多相似的鬚根來,這些根即為不定根。

3. **根系形態**:植物地下部分所有根的總和稱為根系,分為兩類:

(1)**直根系**:由主根、側根以及各級的纖維根共同組成,其主根發達粗大,主根與側根的界限也非常明顯,多見於雙子葉植物、裸子植物中。

(2)**鬚根系**:由不定根及其分枝的各級側根組成,其主根不發達或早期死亡,而從莖的基部節上長出許多相似的不定根,簇生成鬚鬚狀,無主次之分,多見於單子葉植物中。

(二)根之變態:

植物為了適應生活環境的變化,在根的形態、構造上,往往產生了許多變態,常見的有下列幾種:

1. **貯藏根**:根的部分或全部形成肥大肉質,其內存藏許多營養物質,這種根稱貯藏根,其依形態不同可分為:

(1)**肉質直根**:由主根發育而成,每株植物只有一個肉質直根。有的肥大呈圓錐形,如:蘿蔔、白芷;有的肥大呈圓球形,如:蕪菁;有的肥大呈圓柱形,如:丹參。

(2)**塊根**:由不定根或側根發育而成,故每株植物可能形成多個塊根,

萱草的塊根

如：麥門冬、天門冬、粉藤、萱草等。

2. **支持根**：自莖上產生的不定根，深入土中，以加強支持莖幹的力量，如：玉蜀黍、甘蔗等。

3. **氣生根**：自莖上產生的不定根，不深入土中，而暴露於空氣中，它具有在潮濕空氣中吸收及貯藏水分的能力，如：石斛、榕樹等。

4. **攀緣根**：攀緣植物在莖上長出不定根，能攀附牆垣、樹幹或它物，又稱附著根，如：薜荔、常春藤等。

5. **水生根**：水生植物的根呈鬚狀，飄浮於水中，如：浮萍、水芙蓉等。

6. **寄生根**：寄生植物的根插入寄主莖的組織內，吸取寄主體內的水分和營養物質，以維持自身的生活。如：菟絲、列當、桑寄生等。但寄主若有毒，寄生植物亦可通過寄生根的吸收作用，把有毒成分帶入其體內，如：馬桑寄生。

七、莖

有輸導、支持、貯藏及繁殖等功能，通常生長於地面以上，但某些植物的莖生於地下，如：薑、黃精等。有些植物的莖則極短，葉由莖生出呈蓮座狀，如：蒲公英、車前草等。有些植物的莖能貯藏水分和營養物質，如：仙人掌的肉質莖貯存大量的水分，甘蔗的莖貯存蔗糖，芋的塊莖貯存澱粉。形態上，莖有節和節間之分，可與根區別。

(一)莖之類型：

1.依莖的質地分類：

(1)木質莖：莖質地堅硬，木質部發達，這類植物稱木本植物。一般又分為3類：(a)若植株高大，具明顯主幹，下部少分枝者，稱喬木，如：杜仲、銀樺等；(b)若主幹不明顯，植株矮小，於近基部處發生出數個叢生的植株，稱灌木，如：白蒲姜、杜虹花等；(c)若介於木本及草本之間，僅於基部木質化者，稱亞灌木或半灌木，如：貓鬚草。

(2)草質莖：莖質地柔軟，木質部不發達，這類植物稱草本植物。常分為3

編 語

多年生草本植物若地上部分某個部分或全部死亡，而地下部仍保有生命力者，稱宿根草本，如：人參、黃連等；當植物保持常綠，若干年皆不凋者，稱常綠草本，如：闊葉麥門冬、萬年青等。

類：(a)若於1年內完成其生長發育過程者，稱1年生草本，如：紅花、馬齒莧等；(b)若在第2年始完成其生長發育過程者，稱2年生草本，如：蘿蔔；(c)若生長發育過程超過2年者，稱多年生草本。

(3)肉質莖：莖質地柔軟多汁，肉質肥厚者，如：仙人掌、蘆薈等。

2.依莖的生長習性分類：

(1)直立莖：直立生長於地面，不依附它物的莖，如：杜仲、紫蘇等。

(2)纏繞莖：細長，自身無法直立，需依靠纏繞它物作螺旋狀上升的莖。其中呈順時針方向纏繞者，如：葎草；呈逆時針方向纏繞者，如：牽牛花；有的則無一定規律，如：獼猴桃。

(3)攀緣莖：細長，自身無法直立，需依靠攀緣結構依附它物上升的莖。其中攀緣結構為莖卷鬚者，如：葡萄科、葫蘆科、西番蓮科植物；攀緣結構為葉卷鬚者，如：豌豆、多花野豌豆；攀緣結構為吸盤者，如：地

> **編 語**
>
> 凡具上述纏繞莖、攀緣莖、匍匐莖或平臥莖者，即為藤本植物，又依其質地分為草質藤本或木質藤本。

錦；攀緣結構是或刺者，如：藤；攀緣，結構是不定根者， 如：薜荔。

(4)匍匐莖：細長平臥地面，沿地面蔓延生長，節上長有不定根者，如：金錢薄荷、雷公根、蛇莓。若節上無不定根者，稱平臥莖，如：蒺藜。

(二)莖之變態：

1.地下莖之變態：

(1)根狀莖：常橫臥地下，節節間明顯，節上有退化的鱗片葉，具頂芽和腋芽，簡稱根莖。有的植物根狀莖短而直立，如：人參的蘆頭；有的植物根狀莖呈團塊狀，如：薑、川芎、萎等；有的植物根狀莖細長，如：白茅、魚腥草等。

金錢薄荷的莖屬於匍匐莖

薑屬於根狀莖

魚腥草的根狀莖細長，節和節間明顯。

(2)塊莖：肉質肥大，呈不規則塊狀，與塊根相似，但有很短的節間，節上具芽及鱗片狀退化葉或早期枯萎脫落，如：馬鈴薯。

(3)球莖：肉質肥大，呈球形或稍扁，具明顯的節和縮短節間，節上有較大的膜質鱗片，頂芽發達，腋芽常生於其上半部，基部具不定根。如：荸薺。

荸薺屬於球莖

(4)鱗莖：球形或稍扁，莖極度縮短(稱鱗莖盤)，被肉質肥厚的鱗葉包圍，頂端有頂芽，葉腋有腋芽，基部生不定根，如：洋蔥、韭蘭。

2.地上莖之變態：

(1)葉狀莖：莖變為綠色的扁平狀，易被誤認為葉，如：竹節蓼。

(2)刺狀莖：莖變為刺狀，粗短堅硬不分枝或分枝，如：卡利撒。

(3)鈎狀莖：通常鈎狀，粗短、堅硬、無分枝，位於葉腋，由莖的側軸變態而成，如：鈎藤。

鈎藤藥材屬於鈎狀莖

(4)莖卷鬚：見於具攀緣莖的植物，莖變為卷鬚狀，柔軟捲曲，如：野苦瓜。

(5)小塊莖：有些植物的腋芽常形成小塊莖，形態與塊莖相似，具繁殖作用，如：山藥類的零餘子、藤三七的珠芽。

恆春山藥之零餘子屬於小塊莖

(三)重要名詞解釋：

(1)節：莖上著生葉和腋芽的部位。

(2)節間：節與節之間。

(3)葉腋：葉著生處，葉柄與莖之間的夾角處。

(4)葉痕：葉子脫落後，於莖上所留下的痕跡。

筆筒樹的莖幹具有明顯的葉痕(箭頭處)

葉片

托葉

葉柄

葉的組成(圖例為長梗紫苧麻)

烏心石屬於木蘭科植物,其節處
具有明顯的托葉痕(箭頭處)。

(5)托葉痕:托葉脫落後,於莖上所留下
　的痕跡。

(6)皮孔:莖枝表面隆起呈裂隙狀的小
　孔,多呈淺褐色。

(7)稈:禾本科植物(如:麥、稻、竹)的
　莖中空,且具明顯的節,特稱之。

八、葉

　　通常具有交換氣體、蒸散作用及進
行光合作用以製造養分等功能,而少數
植物的葉則具繁殖作用,如:秋海棠、石
蓮花等。

(一)葉的組成

　　包括葉片、葉柄及托葉等3部分,其
中葉片為葉的主要部分,常為綠色的扁平
體,有上、下表面之分,葉片的全形稱葉
形,頂端稱葉尖,基部稱葉基,周邊稱葉
緣,而葉片內分布許多葉脈,其內皆為維
管束,有輸導及支持作用。葉柄常呈圓柱
形,半圓柱形或稍扁形,上表面多溝槽。
托葉是葉柄基部的附屬物,常成對著生於
葉柄基部兩側,其形狀呈多樣化,具有保
護葉芽之作用。

(二)葉片形狀

此處的術語亦適用於描述萼片、花瓣及其它扁平器官。

1.**針形**：細長而頂尖如針。

2.**條形**：長而狹，長約為寬的5倍以上，葉緣兩側約平行，上下寬度差異不大。

3.**披針形**：長約為寬的4～5倍，近葉柄1/3處最寬，向兩端漸狹。

4.**倒披針形**：與披針形位置顛倒之形狀。

5.**鎌形**：狹長形且彎曲如鎌刀。

6.**橢圓形**：長約為寬的3～4倍，葉緣兩側不平行而呈弧形，葉基與葉尖約相等。若葉緣兩側略平行，稱長橢圓形(或矩橢圓形)。若長為寬的2倍以下，稱寬橢圓形。

7.**卵形**：形如卵，中部以下較寬，且向葉尖漸尖細。

8.**倒卵形**：與卵形位置顛倒之形狀。

9.**心形**：形如心，葉基寬圓而凹。

10.**倒心形**：與心形位置顛倒之形狀。

11.**腎形**：葉片短而闊，葉基心形，葉片狀如腎臟形。

12.**圓形**：形呈滾圓形者。

13.**三角形**：形似等邊三角形，葉基呈寬截形而至葉尖漸尖。

14.**菱形**：葉身中央最寬闊，上、下漸尖細，葉片成菱形者。

15.**匙形**：倒披針狀，但葉尖圓似匙部，葉身下半部則急轉狹窄似匙柄。

16.**箭形**：形似箭前端之尖刺。

17.**鱗形**：小而薄，形狀不定。

18.**提琴形**：葉身中央緊縮變窄細，狀如提琴者。

19.**戟形**：形似戟(古時槍頭有枝狀的利刃兵器)。

20.**扇形**：先端寬圓，向下漸狹，形如扇。

　　除了上述的葉片形狀外，還有許多植物的葉並不屬於上述的任何一種類型，可能是兩種形狀的綜合，如此就必須用其它的術語予以描述，如：卵狀橢圓形、長橢圓狀披針形等。

匙形　　箭形

鱗形　　提琴形

戟形　　扇形

(三)葉尖形狀：

卷鬚形　　芒尖　　尾狀　　漸尖　　急尖　　驟尖

鈍形　　凸尖　　微凸　　微凹　　微缺

(四)葉基形狀：

心形　　耳形　　楔形　　盾形　　歪斜

穿莖　　　抱莖　　　截形　　　漸狹　　　圓形

(五)葉緣種類

當葉片生長時，葉的邊緣生長若以均一速度進行，結果葉緣平整，稱全緣。但若邊緣生長速度不均，某些部位生長較快，有的生長較慢，甚至有的早已停止生長，其葉緣將不平整，而出現各種不同形的邊緣。

1.**波狀**：邊緣起伏如波浪。

2.**圓齒狀**：邊緣具鈍圓形的齒。

3.**牙齒狀**：邊緣具尖齒，齒端向外，近等長，略呈等腰 三角形。

4.**鋸齒狀**：邊緣具向上傾斜的尖銳鋸齒。若每一鋸齒上，又出現小鋸齒，則稱重鋸齒。

5.**睫毛狀**：邊緣有細毛。

全緣　　　波狀　　　圓齒狀　　　牙齒狀　　　鋸齒狀　　　睫毛狀

(六)葉片分裂

葉片的邊緣常是全緣或僅具齒或細小缺刻，但某些植物的葉片葉緣缺刻深而大，呈分裂狀態，常見的分裂型態有羽狀分裂、掌狀分裂及三出分裂3種。若依葉片裂隙的深淺不同，又可分為淺裂、深裂及全裂3種：

1.**淺裂**：葉裂深度不超過或接近葉片寬度的1/4。

2.**深裂**：葉裂深度一般超過葉片寬度的1/4。

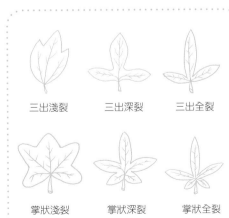

三出淺裂　　　三出深裂　　　三出全裂

掌狀淺裂　　　掌狀深裂　　　掌狀全裂

3.**全裂**：葉裂幾乎達到葉的主脈，形成數
個全裂片。

(七)單葉及複葉

　　植物的葉若1個葉柄上只生1個葉片
者，稱單葉。但若1個葉柄上生有2個以
上的葉片者，稱複葉。複葉的葉柄稱總葉
柄，總葉柄以上著生葉片的軸
狀部分稱葉軸，複葉上的每片葉子
稱小葉，其葉柄稱小葉柄。而根據
複葉的小葉數目和在葉軸上排列的
方式不同，可分為下列幾種：

1.**三出複葉**：葉軸上著生有3片小
　葉的複葉。若頂生小葉具有柄的，稱羽
　狀三出複葉，如：扁豆、茄苳。若頂生
　小葉無柄的，稱掌狀三出複葉，如：半
　夏、酢漿草等。

2.**掌狀複葉**：葉軸縮短，在其頂端集生3
　片以上小葉，呈掌狀，如：掌葉蘋婆、
　馬拉巴栗。

3.**羽狀複葉**：葉軸長，小葉在葉軸兩側排
　列成羽毛狀。若其葉軸頂端生有1片小
　葉，稱奇數羽狀複葉，如：苦參。若其
　葉軸頂端具2片小葉，則稱偶數羽狀複

羽狀淺裂　　羽狀深裂　　羽狀全裂

馬拉巴栗的葉屬於掌狀複葉

葉，如：望江南。
若葉軸作1次羽狀
分枝，形成許多側
生小葉軸，於小葉
軸上又形成羽狀複
葉，稱二回羽狀複
葉，如：鳳凰木。二回羽狀複葉中的第
二級羽狀複葉(即小葉軸連同其上的小
葉)稱羽片。若葉軸作二次羽狀分枝，
在最後一次分枝上又形成羽狀複葉，稱
三回羽狀複葉，如：南天竹、辣木等。
三回羽狀複葉中的第三級羽片稱小羽
片。

飛龍掌血的葉屬於
掌狀三出複葉

假木豆的葉屬於羽狀三出複葉

黃連木的葉屬於
奇數羽狀複葉

4.**單身複葉**：葉軸上只具1個葉片，可能是由三出複葉兩側的小葉退化而形成翼狀，其頂生小葉與葉軸連接處，具一明顯的關節，如：柚子。

柚子的葉為單身複葉

(八)葉序種類

葉序指葉在莖或枝上排列的方式，常見有下列幾種：

1.**互生**：在莖枝的每個節上只生1片葉子。

2.**對生**：在莖枝的每個節上生有2片相對葉子。有的與相鄰的兩葉成十字排列成交互對生，如：薄荷。有的對生葉排列於莖的兩側成二列狀對生，如：女貞。

3.**輪生**：在莖枝的每個節上著生3或3片以上的葉，如：硬枝黃蟬、黑板樹等。

4.**簇生**：2片或2片以上的葉子著生短枝上成簇狀，又稱叢生，如：銀杏、臺灣五葉松等。

5.**基生**：某些植物的莖極為短縮，節間不明顯，其葉看似從根上生出，又稱根生，如：黃鵪菜、車前草等。

上述為典型的葉序型態，但同一植物可能同時存在2種或2種以上的葉序，像桔梗的葉序有互生、對生及輪生，而梔子的葉序也有對生及輪生。

| 互生 | 對生 | 輪生 | 簇生 | 基生 |

參考文獻 (※依作者或編輯單位筆劃順序排列)

※甘偉松，1991，藥用植物學，臺北市：國立中國醫藥研究所。

※甘偉松、那琦、江雙美，1980，臺中市藥用植物資源之調查研究，私立中國醫藥學院研究年報11：419-500。

※林宜信、張永勳、陳益昇、謝文全、歐潤芝等，2003，臺灣藥用植物資源名錄，臺北市：行政院衛生署中醫藥委員會。

※邱年永，2004，百草茶植物圖鑑，臺中市：文興出版事業有限公司。

※邱年永、張光雄，1983～2001，原色臺灣藥用植物圖鑑(1～6冊)，臺北市：南天書局有限公司。

※洪心容、黃世勳，2002，藥用植物拾趣，臺中市：國立自然科學博物館。

※國家中醫藥管理局《中華本草》編委會，1999，中華本草(1～10冊)，上海：上海科學技術出版社。

※陳玉峰，1997，展讀大坑天書，臺北市：臺灣地球日出版社。

※彭仁傑等，1996，臺中縣市植物資源，南投縣：臺灣省特有生物研究保育中心。

※黃世勳，2009，彩色藥用植物解說手冊，臺中市：臺中市藥用植物研究會。

※黃世勳，2009，臺灣常用藥用植物圖鑑，臺中市：文興出版事業有限公司。

※黃世勳，2010，臺灣藥用植物圖鑑：輕鬆入門500種，臺中市：文興出版事業有限公司。

※黃世勳、洪心容，2004～2010，臺灣鄉野藥用植物(1～3輯)，臺中市：文興出版事業有限公司。

※黃冠中、黃世勳、洪心容，2009，彩色藥用植物圖鑑：超強收錄500種，臺中市：文興出版事業有限公司。

※臺灣植物誌第二版編輯委員會，1993～2003，臺灣植物誌第二版(1～6卷)，臺北市：臺灣植物誌第二版編輯委員會。

外文索引 (※依英文字母順序排列)

阿里山下世外桃源

漫步. 陽光. 悠閒. 大自
STROLL　SUNSHINE　LEISURELY　NATURE

童年夜景 加拿大原木屋

主臥

閣樓

365天都可以觀賞螢火蟲生態

Rel

童年 渡假飯店
CHILDHOOD RESORT

地址：嘉義縣番路鄉下坑村 8 鄰下坑 42-3 號
聯絡電話：05-2590888 | 傳真電話：05-2593
網址：http://www.child888.com

童年渡假飯店
CHILDHOOD RESORT

● 住宿房型:飯店・原木屋・團體房...等

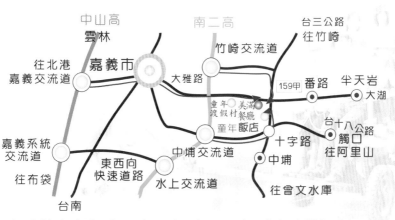

▶ 南二高:中埔交流道►阿里山公路►台三公路►童年渡假飯店
▶ 中三高:嘉義交流道►北港路往嘉義市►民族路►台三公路►童年渡假飯店

童年渡假飯店
聯絡電話:05-2590888
傳真電話:05-2593999.2590331

童年渡假村
聯絡電話:05-2590536.2591858
傳真電話:05-2593098.2590537

業務專線:0928355921

● 營業內容

住宿露營
工商會議
戶外教學
農場體驗
休閒渡假
美食養生

作者簡介

黃冠中

現職

中國醫藥大學中國藥學暨中藥資源學系暨碩博士班 副教授

中國醫藥大學附設醫院醫學研究部 顧問

中華藥用植物學會 籌備委員

學歷

國立臺灣大學農業化學研究所 博士

中國文化大學生物科技研究所 碩士

中國文化大學食品營養系 學士

經歷

中華藥用植物學會 發起人

中國醫藥大學2011年傑出研究獎助

中國醫藥大學(含附醫)99學年度研究績優獎

中國醫藥大學(含附醫)98學年度研究績優獎

中國醫藥大學(含附醫)97學年度研究績優獎

中國醫藥大學(含附醫)96學年度研究績優獎

第八屆許鴻源博士中醫藥學術獎

中央研究院植物暨微生物研究所 博士後研究

作者簡介

黃世勳

現職

文興出版事業有限公司 董事長
亞洲大學保健營養生技學系 兼任助理教授
弘光科技大學護理系 兼任助理教授
中華藥用植物學會 籌備主委
臺中市藥用植物研究會 總幹事
臺東縣藥用植物學會 顧問
桃園縣藥用植物學會 顧問
臺東縣休閒旅遊協會 顧問
中華民國藥師公會全國聯合會 藥師週刊編輯委員
臺中縣藥師公會中藥發展委員會 顧問
鹿興國際同濟會 常務理事(兼秘書長)

學歷

中國醫藥大學中國藥學研究所 藥學博士
國立陽明大學傳統醫藥研究所 理學碩士
中國醫藥大學 藥學學士

經歷

中華藥用植物學會 發起人代表
臺中市藥用植物研究會 理事
中國醫藥大學藥學系 藥用植物學實驗課程師資
弘光科技大學護理系 講師
仁德醫護管理專科學校藥學科 講師
國立中山大學生物科學系 博士後研究
中國醫藥大學中藥研究社 指導老師
中國醫藥大學樂草會 第25屆會長
中國醫藥大學中藥研究社 社長

作者簡介

吳介信

現職

中國醫藥大學藥學系暨碩博士班 教授(兼系主任)

中國醫藥大學生物科技學系 教授

中國醫藥大學附設醫院醫學研究部 顧問

考選部醫事人員考試審議委員會 審議委員

中華民國藥師公會全國聯合會 諮詢顧問

行政院衛生署食品藥物管理局藥事人員繼續教育諮議會 委員

國際華夏醫學會 第六屆常務理事

學歷

美國俄亥俄州立大學 藥理學博士

臺北醫學大學 藥學學士

經歷

中國醫藥大學藥學院 代理院長

中國醫藥大學研究發展處 副研發長

中國醫藥大學生物科技學系 副教授

中國醫藥大學生物育成中心 主任

中國醫藥大學生物科技學系 系主任

中國醫藥大學教務處註冊組 組長

中國醫藥大學醫學系藥理學科 副教授

美國加州大學聖地牙哥分校醫學工程系 博士後研究

美國俄亥俄州立大學內科分生所 博士後研究

國家圖書館出版品預行編目(CIP)資料

大坑藥用植物解說手冊：1至5號登山步道／
　黃冠中、黃世勳、吳介信合著 ── 初版. ──
　臺中市：文興出版：中華藥用植物學會發行，
　民100.10
　面；公分. ──（珍藏本草：10）
　ISBN 978-986-6784-17-0（平裝）

　1.藥用植物 2.植物圖鑑 3.臺中市

376.15025　　　　　　　　　　100015844

珍藏本草010

大坑藥用植物解說手冊
1 至 **5** 號登山步道

An Illustrated Guide to Medicinal Plants in Dakeng

出 版 者：文興出版事業有限公司
總 公 司：407臺中市西屯區漢口路2段231號1樓
電　　話：(04)23160278 傳真：(04)23124123
營 業 部：407臺中市西屯區上安路9號2樓
電　　話：(04)24521807 傳真：(04)24513175
E‑mail：wenhsin.press@msa.hinet.net
網　　址：http://www.flywings.com.tw

發 行 者：中華藥用植物學會
會　　址：404臺中市北區陝西五街42號
會務熱線：(0922)629390
E‑mail：100camp1010@gmail.com
會員招募中，竭誠歡迎您的加入！

作　　者：黃冠中、黃世勳、吳介信
發 行 人：黃世勳
總 策 劃：賀曉帆、黃世杰、洪維君
美術編輯／封面設計：銳點視覺設計 (04)23588230

總 經 銷：紅螞蟻圖書有限公司
地　　址：114臺北市內湖區舊宗路2段121巷28號4樓
電　　話：(02)27953656 傳真：(02)27954100
初　　版：中華民國100年10月10日
定　　價：新臺幣450元整
Ｉ Ｓ Ｂ Ｎ：978-986-6784-17-0（平裝）
歡迎郵政劃撥　戶名：文興出版事業有限公司　帳號：22539747